Günther Dichatschek

Educação na Europa 5

Günther Dichatschek

Educação na Europa 5

Aspectos da educação ecológica

ScienciaScripts

Imprint

Cover image: www.ingimage.com

This book is a translation from the original published under ISBN 978-3-639-63332-0.

Publisher:
Sciencia Scripts
is a trademark of
Dodo Books Indian Ocean Ltd. and OmniScriptum S.R.L publishing group

120 High Road, East Finchley, London, N2 9ED, United Kingdom
Str. Armeneasca 28/1, office 1, Chisinau MD-2012, Republic of Moldova, Europe
Managing Directors: Ieva Konstantinova, Victoria Ursu
info@omniscriptum.com

Printed at: see last page
ISBN: 978-620-8-51640-6

Educação na Europa 5

Aspectos da educação ecológica

Günther Dichatschek

Índice

Observações preliminares

O desenvolvimento de um conhecimento básico de ecologia requer uma abordagem interdisciplinar na educação cívica, uma vez que o tema surge de uma grande variedade de áreas disciplinares. Para o autor, as amplas possibilidades de formação contínua no sector do ensino terciário e quaternário foram surgindo ao longo do tempo.

Os pontos de referência pessoais são, por conseguinte, abordados nos capítulos seguintes do estudo.

A ecologia é entendida como o conhecimento das relações dos indivíduos ou das instituições com o ambiente que os rodeia, como se pode ver a seguir.

- Alterações climáticas e proteção do clima,
- Os Alpes e a ética alpina,
- Sustentabilidade,
- Mobilidade e sustentabilidade,
- Culturas de aprendizagem na formação contínua e
- uma ética económica e ambiental exemplar.

O autor agradece igualmente os contributos dos seus colegas.

A observação da literatura técnica é uma parte essencial do conhecimento básico.

Os conhecimentos de base são entendidos como a base para futuras áreas de conhecimento decorrentes da matéria.

I Alterações climáticas e proteção do clima

Introdução

O interesse crescente nas alterações climáticas e nas consequências daí resultantes é importante para a educação cívica contemporânea, porque tem consequências para

- natureza e sociedade,
- Opções de ação,
- investigação científica sobre o clima e
- consequências para a ação política (ver DICHATSCHEK2017a).

As alterações climáticas estão aí, as mudanças sob a forma de condições meteorológicas extremas em todo o mundo são perceptíveis. O aumento da temperatura e da humidade está a ser sentido pelos seres humanos, animais e plantas.

- Estes e outros fenómenos vão intensificar e alterar as condições de vida.
- Influenciam o futuro e levantam questões fundamentais que a educação cívica deve abordar. É importante considerar a natureza específica da disciplina de educação cívica nas escolas e a combinação da disciplina com geografia e economia, biologia e estudos ambientais, história - estudos sociais - educação cívica, religião, ética e educação para a saúde, bem como a sua relevância na educação de adultos e na formação contínua (ver DICHATSCHEK, 2017c).
  - Podemos adaptar-nos às mudanças?
  - Como é que as observações podem ser classificadas?
  - Que causas podem ser atribuídas a estas alterações?
  - As previsões são possíveis?
  - Existem oportunidades de ação pessoal?

O ponto de partida para as considerações que se seguem é

- os programas escolares das disciplinas em causa,
- o currículo do programa de formação de professores de

história - estudos sociais - educação política e

- a necessidade de organizar a educação contemporânea de adultos.

Para o autor, a necessidade de abordar o tema decorre do facto de

- Conclusão do 10.º curso universitário de formação política na Universidade de Salzburgo-Klagenfurt,
- Conclusão do 7º Programa Universitário de Competência Intercultural / Universidade de Salzburgo,
- Atividade docente em Didática da Educação Política/Programa de Ensino História-Estudos Sociais-Educação Política/Universidade de Salzburgo,
- Atividade docente na educação de adultos,
- Conclusão do curso em linha "Climate M00C7 outubro-novembro de 2017 > http://mooin.oncampus.de > Climate MOOC e
- Discussão da literatura especializada.

1 Previsibilidade das alterações climáticas

Sendo uma entidade complexa, o clima não pode ser simplesmente previsto. A ciência necessita de modelos informáticos, em particular como ferramenta para assumir a evolução e as previsões do clima. As hipóteses são resumidas como cenários. Contêm possíveis desenvolvimentos nas próximas décadas (cf. números da população, progresso tecnológico, limitação dos gases com efeito de estufa) (cf. MADRY - FISCHER 2014, 1-2/4; PLÖGER - BÖTTCHER 2016).

- As alterações climáticas provocadas pelo homem foram comprovadas por medições efectuadas desde a década de 1950. É essencial assumir três cenários com dados físicos, científicos e humanos.
- Os gases com efeito de estufa desempenham um papel central neste contexto. Estes gases são substâncias presentes na atmosfera que provocam o efeito de estufa na Terra.
    - A radiação de onda curta do sol é convertida em radiação de onda longa na superfície da Terra e irradiada de volta para o espaço.
    - Os gases com efeito de estufa actuam como uma barreira na atmosfera da Terra, reflectindo a radiação e ajudando, assim, a armazenar energia e calor na Terra.
    - O efeito de estufa é essencial para a vida na Terra. Sem esta influência, a temperatura média do ar seria de -18 graus Celsius. O efeito de estufa natural leva a um aquecimento de cerca de 15 graus Celsius.
    - O efeito é agora tão pronunciado que podemos falar de um aquecimento global provocado pelo homem devido ao aumento da concentração de gases com efeito de estufa. O que é especial é a velocidade a que o aquecimento tem vindo a ocorrer desde a industrialização, em meados do século XIX.

2 Consequências das alterações climáticas

A Áustria é (também) afetada pelas alterações climáticas (ver MADRY - FISCHER 2014, 2/4; GREENPEACE 2019).

- Devem ser tidas em conta as regiões alpinas (risco de condições meteorológicas adversas - deslizamentos de terras, inundações de cursos de água de montanha, degelo) e a escassez de água na zona de clima árido.
- Nos últimos 100 anos, a temperatura média anual aumentou cerca de 1 grau Celsius, prevendo-se um aumento de 3 graus Celsius nos próximos 100 anos.
- A precipitação aumentou na primavera e no inverno, ao passo que a chuva diminui no verão e no outono. O impacto sobre o ambiente, os animais, as plantas e os seres humanos é considerável.
- É necessário distinguir entre fenómenos microclimáticos, regionais, meteorológicos gerais e macroclimáticos.

O aumento da temperatura nas regiões meridionais do mundo está a provocar escassez de água, tempestades graves (tornados, furacões, tufões, ciclones, fenómenos maciços de monção) e o degelo nos pólos (ver PLÖGER - BÖTTCHER 2016, 153-157). Observa-se uma alteração da temperatura do mar.

O Painel Intergovernamental sobre as Alterações Climáticas (IPPC) prevê um aumento do número e da intensidade dos fenómenos de calor e das tempestades extremas na nossa zona climática.

- Até ao final do século, o número de dias de verão com mais de 25 graus Celsius duplicará e o número de dias quentes com mais de 30 graus Celsius triplicará.
- A nível regional, esta tendência pode intensificar-se.
    - Os problemas surgem nos centros urbanos (abastecimento de água, riscos para a saúde devido ao calor).
    - Nas zonas rurais, as quebras de colheitas estão a aumentar (tempestades, abastecimento de água - ondas de calor - fome e subnutrição).

- No sector do turismo, a redução do número de dias de neve é significativa nas regiões de baixa montanha. Verões mais quentes e mais longos, sobretudo nas regiões costeiras, oferecem a oportunidade de receber mais hóspedes e, por conseguinte, melhores fontes de rendimento.
- Na natureza, há que prestar atenção às alterações na diversidade das espécies. A imigração de espécies de regiões mais quentes e a migração para regiões mais altas são sinais de mudança.

Relativamente à região da Europa Central, é de referir que

- os custos das alterações climáticas serão um investimento no futuro (ver PLÖGER - BÖTTCHER 2016, 62-68),
- a transição energética é uma necessidade (ver PLÖGER - BÖTTCHER2016, 74-83),
- as nossas grandes cidades serão um foco de calor (ver PLÖGER - BÖTTCHER 2016, 115-118) e
- as alterações climáticas estão a acelerar a extinção de espécies (cf. PLÖGER - BÖTTCHER2016, 129-133).

TI - Nota

Estratégia de Biodiversidade 2030 Áustria > https://orf.at/#/stories/3297397/ (12.12.2022)

3 Domínios de ação para as alterações climáticas

Os seguintes domínios de ação são afectados pelas alterações climáticas regionais (cf. MADRY - FISCHER 2014, 3/4).

- Edifícios - exposição a condições climatéricas extremas, requisitos de arrefecimento dos edifícios
- Gestão da água - atribuição de limites de capacidade, poluição da água
- Saúde - propagação de novas doenças infecciosas e vectores, stress térmico, poluição da qualidade da água, subnutrição devido à fome (cf. WEINGÄRTNER 2014)

- Gestão financeira - aumento dos custos dos seguros e dos seguros de saúde, riscos para os investimentos (cf. proteção das águas, estruturas de proteção)
- Transportes - Infra-estruturas de transporte durante os fenómenos meteorológicos
- Energia - aumento da procura (cf. unidades de refrigeração, água de refrigeração, perda de energia)
- Ordenamento do território - conflitos de utilização dos solos, novas exigências em matéria de ordenamento do território

4 Política climática

A educação política inclui os conflitos que surgiram na matéria e as formas de os ultrapassar.

O ponto de partida para as considerações é o estado do conhecimento do MCC (Mercator Research Institute on Global Commons and Climate Change/ Berlin) e do Potsdam Institute for Climate Research (PIK) em conjunto com o Painel Intergovernamental sobre Alterações Climáticas (IPCC) (cf. EDENHOFER-JAKOB2017, esp. 109-120).

A política climática trata de

- compreensão do problema climático e das alterações climáticas,
- as possibilidades de evitar e gerir os riscos.
- Trata-se de fazer um balanço da situação e dos objectivos e vias da política climática.
- acordos internacionais,
- a política climática da União Europeia e
- desenvolvimento urbano e proteção do clima.
- O papel da ciência como aconselhamento político é essencial.

IT - Notas

- https://orf.at/stories/3296904/ (8.12.2022)
- https://archive.newsletter2go.com/?n2g=cc35u22b-g39z6tuq-k13
(10.12.2022)

4.1 Problema climático - Alterações climáticas

Os gases com efeito de estufa são armazenados nos oceanos, na atmosfera, nos solos e nas florestas ("sumidouros globais").

- As reservas de gases com efeito de estufa estão a aumentar devido à queima de combustíveis fósseis, à desflorestação, à utilização dos solos e aos processos industriais.
- A concentração de gases com efeito de estufa altera o orçamento de radiação da Terra.
- A luz solar reflectida permanece cada vez mais na atmosfera sob a forma de calor, razão pela qual a temperatura média global aumenta. As condições climáticas locais também são afectadas, assim como a circulação do ar e da água.

O aumento da temperatura média global acarreta riscos para as condições de vida na Terra. O Painel Intergovernamental sobre as Alterações Climáticas classificou os riscos em classes (ver EDENHOFER - JAKOB 2017, 10-13).

- As ameaças já se enquadram na primeira classe a + 1,5 graus, por exemplo, para os recifes de coral e os ecossistemas do Ártico.
- As vagas de calor e as tempestades tropicais inserem-se na segunda categoria de risco.
- Os riscos regionais e a perda de rendimentos estão resumidos na terceira classe de risco.
- A quarta classe de risco inclui danos económicos à economia global.

Um aumento da temperatura de apenas + 0,8 graus conduz a alterações na precipitação (menores rendimentos agrícolas), à acidificação dos oceanos (menores rendimentos da pesca) e a uma redução da qualidade e quantidade dos recursos hídricos disponíveis.

Os problemas climáticos acima descritos apontam para enormes desafios para a política de saúde no século XXI, como as doenças cardiovasculares, a poluição e a escassez de água, a escassez de alimentos e a propagação de epidemias.

As estratégias de adaptação estão relacionadas com sistemas de irrigação, diques mais altos, proteção costeira e infra-estruturas resilientes, sendo necessário ter em conta que as alterações climáticas não controladas conduzirão a um aumento dos custos regionais e, em última análise, aos seus limites.

Podem ocorrer vagas de migração devido à falta de meios de subsistência (ver quebras de colheitas, inundações e furacões).

Tomar uma decisão é um processo complexo. Avaliar o futuro é também um processo ético, pois implica clarificar a igualdade de tratamento de todas as gerações.

Ler mais

Rahnstorf S. - Schellhuber H.J. (2007): Climate change. Diagnóstico, prognóstico, terapia, Munique

4.2 Inventário

Compreender os desafios implica fazer um balanço da política climática (ver EDENHOFER - JAKOB 2017, 18-37).

4.2.1 Evolução das emissões

Com base nos dados da "Climate Analysis Indicators Tool" (CAIT), os equivalentes de CO2 são utilizados para ter em conta todos os gases com efeito de estufa, incluindo o metano e o óxido nitroso.

- O chamado "potencial de aquecimento global" é utilizado como um índice para comparar os diferentes gases com efeito de estufa.
- Para cada gás com efeito de estufa, o impacto climático durante um determinado período de tempo é expresso em comparação com o CO2. O metano tem cerca de 28 vezes o impacto climático do CO2, mas permanece na atmosfera durante menos tempo. Embora o CO2 tenha um potencial de aquecimento inferior, permanece na atmosfera durante muito tempo.

As emissões anuais de gases com efeito de estufa aumentaram 44% entre 1990 e 2014.

- As razões para tal são o crescimento económico nos países em desenvolvimento e nos países recentemente industrializados, a utilização crescente do carvão no sector da eletricidade, a queima de combustíveis fósseis e a emissão de CO2 nos processos industriais (como a indústria química).
- Nos últimos anos, os países em desenvolvimento ultrapassaram os países industrializados. A China é atualmente o maior emissor mundial, com o Brasil e a Indonésia a liderarem em termos de utilização do solo como fonte de emissões, com a utilização da floresta tropical.

A globalização levou também à exportação de emissões.

- A métrica utilizada é a das "emissões baseadas no consumo". Estas medem as emissões geradas na cadeia de abastecimento global a montante dos bens e serviços consumidos.
- São calculadas adicionando as emissões contidas nas importações às emissões baseadas na produção.
- As emissões não podem ser medidas, pelo que são estimadas através dos processos de produção.
- A importância deste processo é demonstrada pelo facto de os produtos comercializados internacionalmente serem responsáveis por um quarto das emissões globais.
- As razões para tal são as diferentes tecnologias de produção de energia, balanças comerciais desequilibradas e a especialização em produtos com grande intensidade de emissões.

É evidente que a distribuição do ónus da proteção do clima sob a forma de emissões de gases com efeito de estufa não pode ser decidida apenas com base nas emissões baseadas no consumo ou na produção; as questões políticas e éticas também desempenham um papel fundamental.

4.2.2 População e crescimento económico

Nos últimos 200 anos, o crescimento demográfico aumentou mais de sete vezes, o que, por sua vez, fez aumentar o rendimento per capita em mais de dez vezes (ver EDENHOFER - JAKOB 2017, 27).

A ONU prevê que a população mundial atingirá mais dois mil milhões de pessoas até ao final do século.

- A economia mundial também registará um forte crescimento nas próximas décadas.
- O crescimento populacional e económico reflecte-se no aumento das emissões.
- Embora a utilização da energia se tenha tornado mais eficiente em resultado da mudança estrutural da indústria para os serviços, este desenvolvimento não é suficiente.
    - Pode presumir-se que os combustíveis fósseis continuarão a ser dominantes, apesar da utilização de energias renováveis e de tecnologias de eficiência.
    - Este facto é visível no desenvolvimento dos países em desenvolvimento e emergentes, que imitam o desenvolvimento dos países industrializados e, por conseguinte, não conseguem dissociar o consumo de energia do crescimento económico e demográfico.
- Esta dissociação só pode ser observada com um rendimento per capita elevado (cf. consumo de energia na Alemanha em 2013 cerca de 9% inferior ao de 1990; Reino Unido 5% inferior; mas a França registou um aumento de 13%).

A conclusão é que

- requer um quadro político adequado,
- os objectivos de redução devem ser aceites,
- Um abastecimento suficiente de energia é um pré-requisito básico para o desenvolvimento económico,
- A energia também é fornecida pela energia hidroelétrica, eólica, solar, da biomassa e nuclear,
- as fontes de energia com baixas emissões são

frequentemente mais caras (cf. o argumento nos países em desenvolvimento de que a educação e os sistemas sociais não podem ser financiados desta forma e que os poluidores [países industrializados] devem reduzir primeiro as suas emissões).

4.2.3 Fornecimento de combustíveis fósseis

Com a crise do petróleo nos anos 70, os países industrializados tiveram a sua primeira experiência dos "limites do crescimento". Em 1972, o Clube de Roma previu o fim iminente dos combustíveis fósseis. No entanto, revelou-se uma ilusão que as energias renováveis iriam prevalecer posteriormente. Pelo contrário, o aumento do preço do petróleo levou à procura de novas jazidas ainda não descobertas, algumas das quais de difícil acesso (ver EDENHOFER - JAKOB 2017, 32-33).

Além disso, o "processo de fracking" conduziu a um rápido aumento da produção de petróleo nos EUA e a uma queda do preço no mercado mundial de cerca de 120 dólares em 2009 para 35 dólares por vezes em 2016.

- É interessante notar a elevada capacidade do processo no Canadá, que seria comparável às reservas da Arábia Saudita. A extração causaria enormes danos ao clima e ao ambiente local.
- Consequentemente, o fornecimento de gás também está a aumentar. Nos EUA, por exemplo, o fornecimento de eletricidade tem sido cada vez mais transferido para o gás natural. O preço mais baixo resulta também numa concorrência com o preço do carvão.
- No entanto, a menor procura de carvão reduz o seu preço, tornando interessantes mais exportações de carvão. O efeito do gás natural amigo do ambiente está, portanto, a diminuir.
- Existe o risco de as emissões de metano aumentarem até 20% em resultado do fracking. Isto significa que os níveis de emissão do gás natural são mais ou menos comparáveis aos do carvão.

4.2.4 Desflorestação - Utilização dos solos

A desflorestação das florestas tropicais e o uso do solo daí resultante são a segunda maior fonte de emissões. A maior parte das emissões provém da drenagem de turfeiras e do abate de florestas (ver EDENHOFER - JAKOB 2017, 33-35).

- As turfeiras armazenam grandes quantidades de CO2, que são libertadas durante a melioração.
- Entre 2000 e 2013, foram destruídos cerca de 1,5 milhões de quilómetros quadrados de floresta.
- A desflorestação não ocorre apenas no hemisfério sul (em grande escala no Brasil e na Indonésia; cf. aumento da utilização como terra agrícola, utilização para construção de estradas, redução dos custos de transporte ou utilização de madeira e colonização), mas também no hemisfério norte, na Rússia e no Canadá. As consequências são as alterações climáticas, a erosão dos solos, o aumento da infestação de pragas e os incêndios florestais.
- A compensação é assegurada por uma reflorestação orientada (ver Canadá).

4.2.5 Energias renováveis

Com o aumento da eficiência energética, as energias renováveis têm vindo a expandir-se cada vez mais (ver EDENHOFER - JAKOB 2017, 35-37).

- Uma maior eficiência energética substitui trabalho e capital por energia (cf. os baixos preços da energia aumentam a procura de produtos e, consequentemente, o consumo de energia).
- Os custos da energia eólica e fotovoltaica são, por isso, interessantes e, consequentemente, as emissões mais baixas. Dependendo da localização e da taxa de expansão, os custos continuam a ser ainda mais caros do que os das fontes de energia fósseis (cf. os subsídios para a fixação dos preços das fontes de energia fósseis).

- As energias renováveis já representam 13% da energia primária global. A biomassa, como a lenha e o estrume, representa metade deste valor, enquanto a energia hidroelétrica representa 22%.
- Os combustíveis fósseis continuam a representar quase metade das novas instalações. O carvão é barato e abundante.

Ler mais

Sinn H.W. (2008): O paradoxo verde. Um apelo a uma política climática sem ilusões, Berlim

4.3 Objectivos e percursos

No seu mais recente relatório de avaliação, o Painel Intergovernamental sobre as Alterações Climáticas determinou que a temperatura média global em 2100 depende do orçamento cumulativo de carbono. O orçamento de carbono soma todas as emissões do século XXI e determina o aumento da temperatura média global de forma irreversível (ver EDENHOFER - JAKOB 2017, 37; a seguir designados 37-62).

A consequência política é que, para respeitar o limite de 2 graus, a atmosfera deve ser entendida como um depósito limitado de gases com efeito de estufa. Até à data, não tem sido esse o caso. Os direitos de utilização não foram definidos, pelo que existe o risco de utilização excessiva. Só orientações claras permitirão tornar a atmosfera um bem comum mundial.

O Acordo de Paris de 2015 estabeleceu como objetivo o limite de 2 graus. Seria desejável limitar o aumento a 1,5 graus. Por conseguinte, as emissões só devem ser emitidas na medida em que os oceanos, a terra e os sistemas técnicos as removam da atmosfera.

Para determinar o nível ótimo de estabilização da temperatura média global, seria necessário comparar os custos da proteção do clima com os danos esperados das alterações climáticas, por um lado, e os custos da adaptação, por outro. A análise custo-benefício só é possível se todas as consequências das alterações climáticas e a probabilidade da sua ocorrência forem conhecidas e se estiver disponível uma chave de avaliação normalizada.

Ao definir o objetivo de 2 graus, são feitas suposições que não podem ser derivadas apenas das consequências biofísicas das alterações climáticas. A condição prévia é, por exemplo, que

- os impactos climáticos podem ser limitados a um nível aceitável, desde que este limite seja respeitado,
- a prevenção e a adaptação são compatíveis entre gerações,
- económica e tecnicamente viável sem comprometer os objectivos de sustentabilidade.
- O dever ético pressupõe a capacidade.

Os seguintes factores servem para reduzir as emissões de gases com efeito de estufa e são objeto de esforços políticos e, por conseguinte, de educação política. São enumerados a seguir em palavras-chave e servem as considerações actuais (ver EDENHOFER - JAKOB 2017, 46-62).

- Utilização de inovações técnicas para reduzir o consumo de energia e aumentar a eficiência energética,
- Redução dos custos da eletricidade - aumento das energias renováveis - interconexão das redes eléctricas,
- Redução das emissões no sector dos transportes,,
- Descarbonização nos sectores industrial e agrícola,
- Custos e riscos da proteção do clima,
- Discussão sobre uma derrogação de crescimento,
- Estratégias de adaptação em relação a
- Aspectos dos movimentos de voo e migração.

Ler mais

Stern N. (2006): The Economics of Climate Change. The Stern Review, Cambridge University Press

WBGU/Conselho Consultivo Alemão sobre Alterações Globais (2011): Mundo em Transição. Contrato Social para uma Grande Transformação http://www.wbgu.de/hg2011/ (16 de junho de

2018)

4.4 Acordos internacionais

Os acordos do Rio, de Quioto, de Copenhaga e de Paris são abordados a seguir. Servem acordos globais para prevenir ou minimizar as alterações climáticas (ver EDENHOFER - JAKOB 2017, 75-81).

O ponto de partida da política internacional em matéria de clima é a Convenção-Quadro das Nações Unidas sobre as Alterações Climáticas (UNCCCC), adoptada no Rio de Janeiro em 1992.

- O objetivo da convenção é evitar as alterações climáticas.
- O desenvolvimento no contexto da globalização tem lugar através de cimeiras anuais da Conferência das Partes (COP).

O Protocolo de Quioto de 1997, que entrou em vigor em 2005, obriga os países industrializados (países do Anexo I) a reduzir as emissões de gases com efeito de estufa.

- De acordo com este documento, as emissões devem ser reduzidas em 5,2% em relação ao nível de 1990 entre 2008 e 2012.
- O Protocolo de Quioto parte do princípio de que os países industrializados são a principal causa das alterações climáticas e devem reduzir as suas emissões.
- Em 2011, os países que ratificaram o Protocolo de Quioto eram responsáveis por apenas 13% das emissões globais de gases com efeito de estufa (veja-se a ausência dos EUA).
- Para garantir uma proteção do clima com uma boa relação custo-eficácia, foram atribuídas licenças de emissão aos países que reduziram as suas emissões.
    - Estas eram transaccionadas entre os países industrializados, sendo o preço baseado na oferta e na procura.
    - Como não havia sinal de preço, o comércio de emissões cessou.

O Protocolo de Quioto não conseguiu reduzir as emissões a nível mundial, distribuir os direitos de emissão de forma equitativa e conseguir um preço no mercado das emissões que influenciasse os investimentos.

Em 2009, foi negociado um acordo de seguimento na conferência sobre o clima em Copenhaga. A "abordagem de cima para baixo" como definição de redução de emissões e distribuição entre os membros (partilha de encargos) deveria ser mantida (cf. a rejeição pelos EUA, China e muitos países em desenvolvimento).

Em 2015, o Acordo de Paris superou a divisão entre países industrializados, em desenvolvimento e emergentes. Evitar as alterações climáticas é agora considerado uma tarefa conjunta. A partilha de encargos também não foi clarificada neste acordo. O acordo é composto por três pilares,

- uma formulação do objetivo a longo prazo - limitar a temperatura média global a 2 graus,
- compromissos voluntários - apresentação de planos nacionais (Contribuição Nacionalmente Determinada/NDC) sem possibilidade de sanções e
- o acordo de vários instrumentos multilaterais - financiamento climático de, pelo menos, 100 mil milhões de dólares por ano e a possibilidade de comércio internacional de emissões com uma conceção ainda não resolvida (a partir de 2018).

Um dos mecanismos de transferência diz respeito à proteção das florestas (mecanismo REDD+/Redução das Emissões resultantes da Desflorestação e da Degradação das Florestas). É concedida uma compensação se a desflorestação for reduzida.

- Pouca atenção é dada ao facto de os proprietários de terras beneficiarem dos pagamentos de transferência, uma vez que a proteção das florestas conduz geralmente a um aumento dos preços das terras agrícolas.
- Uma distribuição desigual conduz a um aumento dos preços da terra e, por conseguinte, à desigualdade económica regional, com tendência para empobrecer os pequenos agricultores.

Ler mais

Hulme M. (2014): Climate change: Why there are no simple solutions to the greatest challenge, Munique

4.5 Política climática da UE

A União Europeia (UE) pretende reduzir as suas emissões em 40 por cento até 2030, em comparação com 1990, aumentar as energias renováveis em 27 por cento e aumentar a eficiência energética em 27 por cento (ver EDENHOFER - JAKOB 2017, 85-86).

- Até 2050, a UE tem como objetivo reduzir as emissões em 80% em relação a 1990. Este objetivo político não é um compromisso juridicamente vinculativo.
- Para atingir estes objectivos, a UE está a influenciar o comércio europeu de emissões, o funcionamento dos mercados da energia, os instrumentos para aumentar a segurança energética, a promoção das energias renováveis e a integração do mercado europeu da eletricidade.

• O comércio de licenças de emissão, enquanto instrumento central, inclui três componentes,

  - a determinação do limite superior,
  - a emissão de licenças de emissão de gases com efeito de estufa, e
  - a comercialização destes certificados, que deve abranger o maior número possível de sectores (cf. a ausência de limites de emissão no sector dos transportes).

TI - Nota

http://www.orf.at/stories/2443299/ > UE - Objectivos climáticos dos Estados (18.6.2018)

4.6 Desenvolvimento urbano e proteção do clima

Os seguintes aspectos podem combater problemas importantes, tais como

- a utilização das infra-estruturas existentes e

- dar prioridade a possíveis alternativas (por exemplo, transportes públicos, taxas de utilização das estradas baseadas no número de quilómetros).
- Em termos de política de transportes, é favorável um sistema de transportes locais eficiente.
- Deve ser dada maior importância ao ordenamento do território (por exemplo, um equilíbrio entre construção e espaços verdes).
- Para evitar os elevados preços dos imóveis no centro das cidades, defende-se um imposto fundiário para financiar infra-estruturas respeitadoras do ambiente (cf. a ineficácia financeira de um imposto sobre a construção) (cf. EDENHOFER -JAKOB2017, 101-102).

Mais literatura sobre 4.6

Plöger S. - Böttcher Fr. (2016): Factos climáticos, Agência Federal para a Educação Cívica, série de publicações vol. 1734, Bona, 115-118

4.7 Ciência e política climática

Nos últimos anos, a ciência climática tem podido ajudar a definir a agenda da política climática. Um olhar fictício do futuro demonstra-o (ver ORESKES - CONWAY 2015: EDENHOFER - JAKOB 2017, 105-109).

- A temperatura média global aumentou 5 graus,
- o gelo nas regiões polares derreteu,
- os glaciares dos Alpes estão a derreter rapidamente (com consequências para o balanço hídrico)
- As secas em África aumentaram e estão a tornar a vida impossível,
- A Austrália e grande parte da América do Sul são inabitáveis.
- Há movimentos de voo,
- as pessoas estão a lutar por terra e espaço de vida nas regiões do norte do mundo,
- as regiões desérticas e a desertificação estão a aumentar.

Esta retrospetiva ficcional do futuro é sobre uma época que está a aperfeiçoar cada vez mais as suas capacidades de previsão, mas que não tem força para agir. Trata-se de observações empíricas versus fundamentalismo de mercado com liberdades individuais. A luta contra as alterações climáticas, que é o que se receia deste ponto de vista, pode significar o fim das liberdades individuais. A resistência é determinada por interesses económicos. Os interesses particulares podem ser reforçados com sucesso através de referências a valores gerais.

A política climática é racional devido às incertezas sobre os danos futuros. As regulamentações fiscais não são o fim das liberdades individuais; pelo contrário, permitem que as gerações futuras exerçam os seus direitos à liberdade.

Nas democracias, o estado dos conhecimentos, o debate público, a necessidade da questão e o consenso da sociedade no seu conjunto aplicam-se à execução.

Os sistemas autoritários regulam as opiniões e as descobertas científicas. As ideologias determinam os comportamentos.

5 Online - Curso MOOC sobre o clima - 2017

Este MOOC oferece uma visão global das alterações climáticas e da proteção do clima.

O curso de vídeo em linha com certificação abrange os seguintes tópicos em seis capítulos/módulos:

- Questões organizacionais
- O que é o clima?
- O que são modelos climáticos?
- Passado climático
- Consequências das alterações climáticas
- Alterações climáticas e sociedade

Capítulo 1: Questões organizacionais

> http://mooin.oncampus.de > MOOC sobre o clima (17 de setembro de 2017)

Capítulo 2: Sistema climático e alterações climáticas

1. O que é o clima?

O sistema climático é constituído pelos subsistemas terra, oceano, atmosfera, biosfera e esfera de gelo, que reagem de forma diferente às influências externas. O clima é descrito por valores médios, valores extremos e frequências de parâmetros meteorológicos como a temperatura e a precipitação ao longo de várias décadas.

2. O que é o efeito de estufa natural?

Os gases naturais com efeito de estufa na atmosfera incluem o vapor de água, o dióxido de carbono, o metano e o óxido nitroso, que retêm parte da radiação térmica da Terra. Isto leva ao aquecimento e só depois a condições favoráveis à vida na Terra.

3. O que é o efeito de estufa antropogénico?

As actividades humanas provocam emissões adicionais de gases com efeito de estufa, como a queima de combustíveis fósseis nos domínios da produção de eletricidade, do aquecimento e dos transportes, bem como alterações da superfície terrestre, por exemplo, através da desflorestação, da agricultura e da pecuária. Este facto intensifica o efeito de estufa e é a principal causa das alterações climáticas das últimas décadas.

4. O que significam as alterações climáticas?

As flutuações externas e internas resultam num efeito de estufa que provoca alterações climáticas fora das flutuações naturais. A temperatura média global aumentou 0,8 graus Celsius e o degelo e o nível do mar aumentaram 20 cm. Existem diferenças regionais.

5. O que é que se pode fazer?

A atenuação exige energias renováveis e melhorias na eficiência energética.

Capítulo 3: Modelos e cenários

1. O que são modelos climáticos?

Os modelos climáticos descrevem os elementos, processos e

interações mais importantes do sistema climático utilizando equações matemáticas baseadas em leis físicas básicas.

2. O que são cenários climáticos?

Não se trata de previsões, mas sim de imagens coerentes e plausíveis do futuro. Descrevem a evolução futura dos factores mais importantes que influenciam o clima. Os cenários são ferramentas utilizadas na política e nos negócios quando é necessário tomar decisões. No caso dos cenários climáticos, a questão de decisão é saber se a humanidade conseguirá ou não reduzir as emissões de gases com efeito de estufa de modo a limitar o aquecimento global a menos de 2 graus Celsius.

3. De que dependem as previsões sobre a evolução do século XXI?

Do modelo climático selecionado, do cenário climático selecionado tendo em conta o comportamento da sociedade e da decisão da humanidade a favor da proteção do clima.

4. Que alterações climáticas se prevêem para o século XXI?

É de esperar um aumento da temperatura média de até 5 graus Celsius (em comparação com 1850) e a necessidade de limitar a temperatura a menos de 2 graus Celsius.

5. Confiança nos modelos e resultados climáticos

Estas baseiam-se em leis físicas básicas, na exatidão das medições e nas emissões antropogénicas com efeito de estufa.

Capítulo 4: O clima do passado

1. Porque é que é importante estudar a evolução do clima nos últimos 600 000 anos?

Ao estudar o clima do passado, especialmente a sucessão de eras glaciares e períodos quentes, podemos alargar a nossa compreensão do sistema climático - e, por conseguinte, também a nossa confiança nos modelos climáticos e nas previsões para o desenvolvimento do clima no futuro.

2. Como é que podemos saber como é que o clima se desenvolveu no passado?

Podemos obter informações a partir de vários arquivos climáticos. A partir de núcleos de sedimentos e de gelo, é possível reconstruir a temperatura, o volume de gelo e o teor de CO2 ao longo do tempo; o teor de C02 na atmosfera era mais baixo nas eras glaciares e mais alto nos períodos quentes. Atualmente, o teor de CO2 é significativamente superior a estas flutuações naturais.

3. Como funciona a sequência dos períodos glaciares e interglaciares?

O intervalo entre as eras glaciais é de cerca de 100 000 anos. A sucessão de eras glaciares e períodos quentes é causada por flutuações na geometria da órbita da Terra. A concentração de C02 na atmosfera influencia a dinâmica da mudança de frio para quente.

Podem ocorrer mudanças extremas e repentinas no sistema climático na transição de períodos glaciares para períodos quentes. O colapso dos mantos de gelo pode perturbar o sistema global de correntes oceânicas e, assim, influenciar o clima global.

4. Evidências da humanidade através das flutuações climáticas

Há 100.000 anos que se regista um novo período quente, apesar das flutuações climáticas. Há colapsos de civilizações avançadas relacionados com as alterações climáticas.

5. Evolução climática extraordinária desde 1850

O aumento da temperatura está fora das flutuações naturais. A última era glacial registou temperaturas cerca de 3-5 graus Celsius mais baixas do que no Holoceno. Sem proteção climática, a temperatura pode aumentar 3 a 5 graus Celsius.

Capítulo 5: Consequências das alterações climáticas

1. Que quadro global das consequências das alterações climáticas está a emergir?

Cada aumento da temperatura média global aumenta os riscos para os seres humanos causados pelas alterações climáticas. O risco de alterações em grande escala (pontos de rutura no sistema climático, por exemplo, o degelo dos glaciares e dos polos) também aumenta.

Os efeitos das alterações climáticas estão a ter impactos muito diferentes em diferentes partes do mundo e em diferentes áreas da vida. É feita uma distinção entre alterações nos valores médios (por exemplo, temperatura) e nos fenómenos extremos (por exemplo, inundações ou secas mais graves e mais frequentes).

2. O que significa risco?

O risco das alterações climáticas é constituído por três factores.

- Que alterações climáticas estão a ocorrer?
- As pessoas são direta ou indiretamente afectadas?
- Até que ponto as sociedades são vulneráveis e que opções têm para se adaptarem?

3. Quais são os efeitos nos oceanos?

Os oceanos absorvem cerca de um quarto das emissões antropogénicas de C02. Isto provoca uma diminuição do seu pH. Esta alteração está a ocorrer muito mais rapidamente do que nos últimos 300 milhões de anos. Muitos organismos marinhos calcificadores estão a ser danificados em consequência, com um risco crescente de impactos negativos na biodiversidade, nas pescas (segurança alimentar) e no turismo.

4. Consequências para a agricultura

É possível observar a escassez de água e a erosão dos solos devido a chuvas intensas e inundações, bem como ameaças aos rendimentos nas regiões tropicais.

5. Alterações climáticas connosco

Estamos situados numa zona de transição climática.

A chuva muda do verão para o inverno. Há períodos secos, por um lado, e inundações, deslizamentos de terras e quedas de rochas, por outro. Os riscos para a saúde aumentam devido aos dias quentes.

6. Cidades num clima em mudança

As cidades e as grandes zonas urbanas são altamente vulneráveis devido à sua elevada densidade populacional e de valores. Existem também efeitos localizados, como a atenuação do vento e a radiação térmica. Há consequências políticas e económicas associadas. Em todo o caso, são necessárias medidas de adaptação para as pessoas.

Capítulo 6: Alterações climáticas e sociedade

1. O que significam as alterações climáticas para a sociedade?

As alterações climáticas são apenas um dos muitos temas que preocupam as pessoas na sua vida quotidiana. As pessoas, as regiões e os países são afectados pelas alterações climáticas de diferentes formas. Nem todos têm os mesmos interesses no que diz respeito à proteção do clima. No entanto, as alterações climáticas afectam todos a médio e longo prazo, razão pela qual a comunidade internacional tem de encontrar uma solução.

2. Como é que nos podemos adaptar às consequências das alterações climáticas?

A adaptação pode ser conseguida através de tecnologias (por exemplo, construção de diques, estruturas de proteção), mudanças de comportamento (por exemplo, comportamentos saudáveis em tempo quente) e decisões políticas e económicas (por exemplo, retenção). A adaptação tem por objetivo reduzir a vulnerabilidade. No entanto, à medida que as alterações climáticas avançam, a adaptação atinge os seus limites.

3. As alterações climáticas influenciam os conflitos e a migração?

Os conflitos regionais e a migração a partir de zonas de crise têm causas muito diferentes e as alterações climáticas podem intensificar indiretamente os conflitos, por exemplo, através de secas, escassez de água, quebras de colheitas e consequente aumento dos preços dos alimentos. Esta situação pode também influenciar os fluxos migratórios.

4. Objectivos da política internacional em matéria de clima

O objetivo das negociações internacionais sobre o clima ("Convenção-Quadro sobre as Alterações Climáticas") é reduzir as emissões globais de gases com efeito de estufa (atenuação) e combater as alterações climáticas inevitáveis através de medidas de adaptação.

Desde 1992, está a ser negociado um acordo de proteção do clima. Até à data, não se registou qualquer redução das emissões de gases com efeito de estufa. Os acordos regionais e nacionais complementam os esforços. Em 2010, foi decidido que o aumento da temperatura média global não deve exceder 2 graus Celsius. 2 graus Celsius é um objetivo político baseado em descobertas científicas.

5. O que significa mitigação?

Trata-se de medidas destinadas a limitar as alterações climáticas (redução das emissões). Para limitar o aquecimento global a menos de 2 graus Celsius, os gases com efeito de estufa devem ser reduzidos em 80 a 95 por cento até 2050.

Por conseguinte, os economistas propõem a criação de um sistema global de direitos de emissão transaccionáveis e medidas para promover novas tecnologias e normas de eficiência para os edifícios. A redução das emissões para o nível de 2 graus é inteiramente possível e compatível com um maior crescimento da prosperidade económica.

Reflexão

A abordagem deste tema revela a complexidade dos problemas existentes.

O episódio é sobre

- a necessária antecipação, as consequências e
- Campos de ação.

Em termos de educação política, a política climática é o fator mais importante.

- Os interessados em educação vêem um curso em linha como um contributo significativo para a formação contínua.
- Para a educação de adultos, o tema é uma contribuição atual para a futura organização da vida.
- Apercebe-se do âmbito da matéria e da necessidade de conhecimentos para tarefas futuras.

A mudança na terra reflecte-se na diversidade dos temas. Isto reflecte-se na observação de uma vasta gama de factores (cf. PLÖGER-BÖTTCHER 2016, 175).

- Em 2009/2010, os glaciares de todo o mundo recuaram 81%.
- Em 2012, o gelo do Ártico era 3,1 milhões de km2 mais pequeno do que a média a longo prazo.
- Com um valor de pH de 8,06, os oceanos são mais ácidos do que nos últimos 800 000 anos.
- Os registos de calor nos últimos 15 anos duplicaram em relação aos 15 anos anteriores.
- A Antárctida perdeu uma média de 71 mil milhões de toneladas de gelo por ano entre 1992 e 2011.
- As temperaturas globais da água aumentaram 0,4 graus entre 1970 e 2010.

Para além da poluição por CO2, existem outros factores que aumentam o aquecimento global, como a desflorestação.

A contribuição tem a política climática como subárea-chave, ou seja, uma área temática que exige uma concentração na ação.

O conhecimento é também uma base essencial para as decisões futuras.

erwachsenenbildung.at
Wissen vernetzt. Bildung wirkt.

TEILNAHMEBESTÄTIGUNG

Hiermit bestätigen wir, dass Dr. Günther Dichatschek an der Online-Veranstaltung

wEBtalk: Klimaschutz in der Programmplanung umsetzen

am 14.09.2023 im Umfang von 1,5 Stunden

teilgenommen hat.

Inhalte

- Herausforderungen und Erfolgsfaktoren der Programmplanung zum Thema Klimaschutz
- Geeignete Kooperationen für die Umsetzung von Programmen zum Thema Klimaschutz

Folgende Lernergebnisse konnten erzielt werden:

- Die Teilnehmer*innen kennen Herausforderungen und Gelingensbedingungen für die Programmplanung zum Thema Klimaschutz und konnten eigene Fragen und Erfahrungen dazu im Kontext der Diskussion reflektieren
- Die Teilnehmer*innen haben erfahren, welche Kooperationen für die Programmplanung zum Thema Klimaschutz hilfreich sein können und konnten dies für den eigenen Anwendungszusammenhang reflektieren.

wEBtalks sind ein interaktives Online-Format von erwachsenenbildung.at. ExpertInnen teilen ihr Wissen und diskutieren ihre Erfahrungen. Das Online-Publikum ist eingeladen, Fragen zu stellen und mitzudiskutieren. Die Teilnahme am wEBtalk ist kostenlos und steht allen Interessierten offen.

Graz, 14.09.2023

Mag. Wilfried Frei Geschäftsführung	Mag.ª Dr.ⁱⁿ Birgit Aschemann Bereichsleitung Digitale Professionalisierung

Diese Online-Weiterbildung wurde veranstaltet von CONEDU.

Die Organisationseinheit DigProf – Digitale Professionalisierung in der Erwachsenenbildung des Vereins CONEDU ist mit dem Qualitätssiegel der oberösterreichischen Erwachsenen- und Weiterbildungseinrichtungen (EBQ) zertifiziert und ist Ö-Cert Qualitätsanbieter.

Verein CONEDU
ZVR: 167333476 | Keplerstraße 105/3/5
A-8020 Graz | www.conedu.com
verein@conedu.com

CONEDU wird gefördert aus Mitteln des BMBWF und ESF.

Bundesministerium Bildung, Wissenschaft und Forschung

Bibliografia I

Os títulos que são utilizados e/ou diretamente citados no artigo são enumerados.

Amery C.-Scheer H. (2001): Climate change. Da cultura fóssil à cultura solar, Munique

DichatschekG. (2017a): Didática da Educação Política, Saarbrücken

DichatschekG. (2017b): Interculturalidade, Saarbrücken

DichatschekG. (2017c): Formação contínua de adultos, Saarbrücken

Eichhorst U.-Madry Th. (2013): Die Kehrseite der Medaille-Anpassung an den Klimawandel, Dossier of the Federal Agency for Civic Education, Bonn > http://www.bpb.de/gesellschaft/umwelt/klimawandel/38484/anpassung-an- den-klimawandel (as at 25.9.2013)

Edenhofer O.-Jakob M. (2017): Política climática. Objectivos, conflitos, soluções, Agência Federal para a Educação Cívica, série de publicações vol. 10163, Bona

Feulner G.- Lesch H. (2010): O grande livro sobre o clima, Colónia

Greenpeace na Europa Central e Oriental (2019): A crise climática na Áustria. O relatório provincial sobre as consequências do aquecimento global do Greepeace Áustria, Viena > O aquecimento global atinge duramente a Áustria > https://orf.at/stories/3136743/ (11 de setembro de 2019); Tirol > https://tirol.orf.at/stories/3012231/ (11 de setembro de 2019)

Grefe Chr. (2016): Global Gardening. Bioökonomie - Neuer Raubbau oder Wirtschaftsform der Zukunft?, Agência Federal para a Educação Cívica, série de publicações 1737, Bona

Hantel M.-Haimberger L. (2016): Curso básico de clima, Berlim-Heidelberg

Madry Th.-Fischer J. (2014): Vorhersagbarkeit und Auswirkungen des Klimawandels, Dossier da Agência Federal para a Educação Cívica, Bona >

http://www.bpb.de/gesellschaft/umwelt/klimawandel/183026/auswirkungen- des-klimawandels (em 17 de abril de 2014)

Oreskes N.-Conway E.M. (2015): The End of the World: Chronicle of a Foretold Downfall, Munique

ORF - Agricultura global (2019): O círculo vicioso do aquecimento global > https://orf.at/stories/3132807/ (8 de agosto de 2019)

Österreicher H. (2008): Natur- und Umweltpädagogik - Für sozialpädagogische Berufe, Colónia

Plöger S.-Böttcher Fr. (2016): Factos climáticos, Agência Federal para a Educação Cívica, série de publicações 1734, Bona

Rahmstorf St.- Schellnhuber H.J. (2020): Alterações climáticas, Agência Federal para a Educação Cívica, série de publicações vol. 10520, Bona

Stern N. (2007): The Economics of Climate Change. The Stern Review, Cambridge University Press

WBGU (2007): World in Transition: Climate Change as a Security Risk. Relatório principal de 2006 - Conselho Consultivo Alemão sobre Alterações Globais, Berlim-Heidelberg

Weingärtner L. (2014): Hunger and malnutrition, dossier da Agência Federal para a Educação Cívica, Bona > http://www.bpb.de/internationales/welternaehrung/178484/hunger-und- fehlernaehrung (em 12 de junho de 2014)

II Alpes

Introdução

Uma antiga zona cultural, habitada por cerca de 14 milhões de pessoas, está a mudar devido às alterações climáticas e ao turismo (cf. KASTLER 2018, 19)

Para a educação cívica, a mudança numa área cultural significa um desafio para lidar com aspectos e desenvolvimentos na região alpina de uma forma interdisciplinar (cf. DICHATSCHEK2018).

A publicidade, os postais, as revistas, os filmes e os livros ilustrados mostram a região alpina como uma paisagem intacta, uma região alpina encantadora com o romantismo das cabanas de montanha, dos penhascos e dos picos ao nascer e ao pôr do sol, das pistas cobertas de neve no inverno e da impressionante tecnologia dos teleféricos para tornar as montanhas acessíveis.

- As pessoas da região alpina são retratadas como estando de bom humor e tendo sempre tempo para os seus hóspedes, que estão relaxados e bronzeados.
- As caminhadas na montanha, as pistas de esqui no vale e os treinos para muitos desportos na paisagem de montanha completam um quadro caracterizado pelas alterações climáticas e pelo turismo.
- A concorrência na representação dos sonhos de férias só existe na tríade de praias de areia, mar e palmeiras.

No entanto, há também excertos que mostram mais do que paisagens idílicas e fornecem informações sobre como um espaço cultural e de vida com milhares de anos pode ser preservado (cf. BÄTZING 2018).

- Sendo uma das maiores cadeias montanhosas do mundo, a paisagem alpina estende-se ao longo de 1200 quilómetros, de Nice a Viena. A região do Tirol encontra-se, em grande parte, numa paisagem alpina.
- Caracteriza-se pelo Monte Branco, a montanha mais alta com 4807 metros, um espaço vital de cerca de 14 milhões de pessoas e uma parte de oito países nos Alpes com o Mónaco,

a França, a Itália, a Suíça, o Liechtenstein, a Alemanha, a Áustria e a Eslovénia.

Ao longo da história, as pessoas alteraram e remodelaram profundamente a paisagem do ponto de vista ecológico, influenciaram-na culturalmente e desenvolveram-na socioeconomicamente, a fim de garantir a sua subsistência.

O ponto de partida para as considerações é o

- Conclusão dos cursos universitários de formação política e competência intercultural / Universidade de Salzburgo,
- Conclusão da Academia de Educação Contínua da Áustria e do Programa de Ensino à Distância para a Educação de Adultos e Desenvolvimento Sustentável/ Evangelische Arbeitsstelle Erwachsenenbildung no Comenius-Institut Münster e
- Análise da literatura especializada e das mudanças concretas na região alpina no local.
- A interdisciplinaridade é a marca de um debate temático - geografia cultural, etnologia, educação política e estudos culturais (ver HAID 2005/2008, BÄTZING 2015/2018, LUGER-REST 2018, MATHIEU 2018, DICHATSCHEK2018).

O artigo está dividido em quatro áreas temáticas no contexto da educação cívica.

- História geológica dos Alpes,
- Liquidação e utilização,
- Turismo de massas e
- Convenção Alpina.
- Uma reflexão conclui o artigo com perguntas para o futuro.

1 História geológica dos Alpes

Com a sua diversidade geográfica de paisagens, espaços e regiões e a sua diversidade cultural, a região alpina gera os anseios que são abordados na publicidade e que resultam na utilização dos tempos livres, na utilização económica e no espaço de vida pessoal.

Antes de abordar mais pormenorizadamente as condições geográfico-culturais, convém começar por considerar a região alpina em termos da sua história geológica e de povoamento.

Os Alpes são uma cadeia montanhosa jovem em termos geológicos (cf. BÄTZING 2018, 3235). Foram formados quando a África e a Europa colidiram há cerca de 25 milhões de anos.

- A Placa Adriática - hoje parte da Itália, dos Balcãs, da região alpina e do Mar Adriático - ainda fazia parte de África e foi empurrada como uma cunha para a costa sul da Europa ao longo de milhões de anos.
- A colisão fez com que os bordos das placas africana e europeia se dobrassem, dando origem aos actuais Alpes. As massas rochosas amontoaram-se umas sobre as outras e continuam a crescer até hoje.
- Atualmente, a placa africana desloca-se para norte a um ritmo de cinco centímetros por ano.
- Assim, os Alpes crescem alguns milímetros todos os anos.
- A neve, a água, o vento e o gelo corroem e remodelam a cordilheira.

2 Povoamento e utilização do espaço alpino

A colonização levou a mudanças culturais e económicas que resultaram em mudanças e transformações ecológicas e socioeconómicas de grande alcance com o objetivo de moldar e garantir habitats.

- O desbravamento e a proibição de florestas deram origem a pequenas povoações e zonas económicas com estruturas familiares agrícolas pensadas e planeadas em gerações (cf. agricultura na região alpina BÄTZING 2018, 140-145).

- Hoje em dia, este tipo de pensamento e de ação é recomendado contra a destruição de habitats valiosos.
- O comércio e a indústria são frequentemente esquecidos, com a transição para uma sociedade de serviços a ocorrer em toda a Europa e em toda a região alpina (cf. BÄTZING 2018, 146-149).

2.1 Paisagem cultural rural

A conversão para uma paisagem agrícola cultivada tem um significado socioeconómico para os agricultores de montanha, bem como um significado biológico para a diversidade de espécies vegetais e animais (cf. HAID 2005, VIDEK n.d.). A região alpina é um dos centros de biodiversidade da Europa.

- Embora a região alpina cubra apenas dois por cento da Europa, alberga cerca de 40 por cento do mundo vegetal europeu, com cerca de 400 espécies de plantas (cf. BÄTZING 2018, 62-65).
- As florestas dos Alpes revestem-se de especial importância (cf. zonas florestais fechadas, florestas protegidas, pastagens florestais).
- A região alpina é também considerada uma zona de reservas de água (cf. BÄTZING 2018, 58-61, 164-167).
- Existem pelo menos 30.000 espécies animais nos Alpes.
- As alterações climáticas estão a afetar particularmente esta diversidade.

2.2 Criação de pastagens alpinas

A região alpina é considerada uma zona ideal para a criação de pastagens de montanha (ver MAIR 2019, 5; As alterações climáticas afectam as pastagens de montanha > https://tirol.orf.at/news/stories/2976847 [20.4.20019], "Dokumentation am Feiertag" Kuh, Schaf, Wolf & Klima > https://tirol.orf.at/tv/stories/3168228/ 13.8. 2022]).

- A utilização diferenciada das pastagens de baixa, média e alta montanha é essencial para a agricultura de montanha.

- Igualmente importantes são as diversas formas de pastagens para bovinos, touros, cavalos, ovinos e caprinos.
- As estruturas de propriedade, como as pastagens privadas, cooperativas, de servidão e comunitárias, são essenciais.
- Os métodos de construção distinguem-se entre as cabanas alpinas construídas em pedra e em madeira.
- A alimentação, o vestuário, o traje, a remuneração e a vida alpina são essenciais para o pessoal das pastagens alpinas.
- Desde a sua utilização económica, os pastos alpinos são também considerados um espaço cultural (cf. festas, canções e lendas alpinas - espaço de lazer).

No projeto Stella, a Universidade de Innsbruck está a investigar as condições hidrológicas no vale tirolês de Brixental, na zona de pastagem alpina (ver https://www.uibk.ac.at/geographie/stella/stella-executive-summary.pdf > Versão 2/6.11.2017 [21.12.2018]).

Os diferentes aspectos da utilização resultam do conflito de interesses entre a economia e a ecologia.

2.3 A região alpina como fonte de matérias-primas

A região alpina foi uma das primeiras zonas de cobiçadas fontes de matérias-primas, como o ouro, a prata, o cobre, o ferro e o sal (cf. BÄTZING 2015).

- As zonas mineiras tornaram-se centros de comércio e, posteriormente, desenvolveram-se em mercados e cidades (cf. BÄTZING 2018, 116-123).
- Com a crescente colonização, desenvolveu-se a
  - Migração da mão de obra necessária e
  - diversidade cultural e religiosa (pense-se no período da Reforma com a difusão da fé da Reforma através da imigração nas regiões mineiras/ exemplo Schwaz; ver BÄTZING 2018, 124-127).
  - A concentração económica e o poder político que lhe está associado resultam dos lucros obtidos com a

utilização da produção mineira.

2.4 Revolução industrial

Com o início da revolução industrial, as cidades começaram a dominar o campo e a região alpina.

- As pequenas empresas perderam importância.
- Começou a utilização dos grandes vales alpinos.
- O automóvel, o camião e as novas linhas de caminho de ferro, com túneis nas montanhas, ganharam importância e tornaram-se cada vez mais necessários.

Atualmente, as grandes vias transversais atravessam a região alpina de norte a sul e causam problemas ecológicos, cujas consequências têm um impacto negativo no habitat e nas condições de vida da população (cf. o desenvolvimento dos transportes na região alpina BÄTZING 2018, 132-139).

3 Turismo de massas vs. turismo suave

3.1 Desenvolvimento do espaço alpino

O desenvolvimento da região alpina foi a base do turismo de massas que se desenvolveu no início do século passado (cf. BÄTZING 2018, 150-159; GRUPP 2008).

Em muitos vales, o turismo foi a base da colonização e do benefício económico.

Os centros urbanos alpinos e os centros turísticos foram e são intensamente utilizados nesta fase de desenvolvimento (cf. BÄTZING 2018, 160-163).

Existem áreas problemáticas quando o turismo invade zonas que não são adequadas para o povoamento.

Na organização do turismo com milhões de visitantes, surgem questões quando se exigem e planeiam paisagens de aventura numa zona sensível.

Os benefícios para a maioria da população são questionáveis (cf. infra-estruturas sobredimensionadas, elevado consumo de eletricidade e água, elevada capacidade de produção de resíduos, lotes de construção dispendiosos, caos no trânsito)

São necessários mecanismos de controlo para poder harmonizar os planos de ordenamento do território e os desenvolvimentos regionais.

Notas de TI

Alpinismo > https://www.bergwelten.com/a/vom-ursprung-des-bergsteigens (11.12.2022)

A conquista dos Alpes > https://tvthek.orf.at/profile/zeit-history/13606695/zeit-geschichte-Die-Eroberung-der-Alpen-Geschichte- des-Alpinismus-in-Qesterreich/14160039 (11.12.2022)

3.2 Comportamento no lazer

O crescente comportamento de lazer da população na região alpina deve ser visto neste contexto (cf. BÄTZING 2018, 24-27).

- O desejo de desfrutar da paisagem alpina está a causar perturbações na caça - existem cerca de 200 000 animais só no Tirol - o que significa que os números anuais de caça necessários não podem ser atingidos.

São necessários mecanismos de controlo funcionais entre a comunidade cinegética e as associações de turismo (cf. https://tirol.orf.at/news/sto ries/2953841/ [18 de dezembro de 2018]).

- As alterações climáticas estão a aumentar a pressão sobre o turismo de inverno.

- As áreas que anteriormente eram áreas de retiro devem ser abertas (ver Freizeitparks im Hochgebirge BÄTZING 2018, 194-205).

Atualmente, a região alpina é um destino para cerca de 120 milhões de visitantes.

Os esforços para preservar a conservação da natureza como a preservação da realidade na região alpina devem ser tidos em conta (cf. BÄTZING 2018, 168-169). A preservação e promoção de parques nacionais com observações da natureza, um aumento do conhecimento biológico e a preservação de grandes áreas protegidas merecem mais atenção.

3.3 Clubes alpinos

Os clubes alpinos nacionais e internacionais, com cerca de 2 milhões de membros, mantêm a maior parte dos trilhos e das cabanas em condições cada vez mais difíceis.

- Dependem de subsídios públicos e do empenhamento voluntário ("voluntariado").
- Esta é a base do turismo alpino, que é um turismo suave.
- O compromisso é também considerado um dos principais projectos comunitários.
- Cuidado com as cabanas de montanha sobrelotadas geridas por membros, os perigos nas altas montanhas são muitas vezes subestimados.

Associação dos Clubes Alpinos Austríacos (VAVÖ)

Clube Alpino do Tirol do Sul (AVS)

Associação Alpina da Eslovénia

Clube4000

Clube Alpinista Francês

ClubAlpino Italiano (CAI)

Clube Alpino Alemão (DAV)

Clube Alpino Austríaco (ÖAV)

Naturefriends Alemanha

Amigos da Natureza Áustria

Naturefriends Suíça

Associação Austríaca de Guias de Montanha

Clube de Turismo Austríaco

Clube Alpino Suíço

4 Convenção Alpina 1989

A convenção, que é vinculativa nos termos do direito internacional e foi concluída em Berchtesgaden em 1989 pelos ministros do ambiente da Alemanha, França, Itália, Eslovénia, Liechtenstein, Áustria, Suíça e Comunidade Europeia, inclui um preâmbulo e 14 artigos.

4.1 Preâmbulo

O preâmbulo sublinha a importância dos Alpes como uma grande área natural interligada na Europa,

- a natureza específica e diversificada, a cultura e a história como uma excelente zona de vida, económica, cultural e recreativa no coração da Europa, na qual participam numerosos povos e países.
- É reconhecida a sua importância para as zonas não alpinas, nomeadamente como suporte de importantes vias de transporte.
- A região alpina é igualmente destacada como refúgio e habitat de espécies vegetais e animais ameaçadas de extinção.
- As diferenças são registadas
    - dos diferentes sistemas jurídicos,
    - as condições naturais e a colonização,
    - agricultura, silvicultura e desenvolvimento económico,
    - a carga de tráfego e
    - o tipo e a intensidade da utilização turística.
- Reconhece a pressão crescente sobre a região alpina, a ameaça às funções ecológicas e os elevados custos envolvidos na sua reparação, geralmente apenas a longo prazo.
- Expressa a convicção de que os interesses económicos devem ser harmonizados com as exigências ecológicas.

4.2 14 artigos

O artigo 1º abrange o âmbito de aplicação.

O artigo 2.º diz respeito a obrigações gerais, como o respeito, a preservação e a promoção da população e da cultura, o ordenamento do território, o controlo da poluição atmosférica, a proteção dos solos, a gestão dos recursos hídricos, a conservação da natureza e a gestão da paisagem, a agricultura de montanha, as florestas de montanha, a harmonização das actividades turísticas e de lazer, a poluição do tráfego, a produção de energia e a prevenção de resíduos.

O artigo 3º descreve as actividades de investigação e o acompanhamento sistemático dos domínios referidos no artigo 2º.

O artigo 4º documenta a cooperação nos domínios jurídico, científico, económico e técnico.

O artigo 5º diz respeito à organização da Conferência das Partes Contratantes (Conferência Alpina).

O artigo 6.º abrange o mandato da Conferência Alpina.

O artigo 7º trata da tomada de decisões na Conferência Alpina.

O artigo 8.º remete para o disposto no artigo 7.º no que respeita às funções do Comité Permanente.

O artigo 9º refere-se ao Secretariado da Conferência Alpina.

O artigo 10º diz respeito às alterações à Convenção.

O artigo 11º refere-se aos protocolos e à sua alteração.

O artigo 12º regula a assinatura e a ratificação da Convenção.

O artigo 13º regula a anulação do acordo.

O artigo 14º regula as notificações.

Nota informática

Versão atual 2021 > http://www.ris.bka.gv.at/GeltendeFassung.wxe?Abfrage=Bundesnormen&Gesetzesnummer=10010876 (22.9.21)

5 Reflexão

5.1 O futuro do espaço alpino

A questão do futuro da região alpina é um tema fundamental para a educação política.

"Se o desenvolvimento dos Alpes continuar como antes, as últimas paisagens culturais remanescentes desaparecerão gradualmente num futuro previsível e os Alpes consistirão exclusivamente em regiões florestais e urbanizadas" (BÄTZING 2018, 210).

5.2 Objectivos

Com base em HAID (2005) e BÄTZING (2018), os objectivos seriam

- uma valorização enquanto espaço de vida e económico descentralizado,
- em ligação com a modernização da Europa, a preservação do espaço alpino como um espaço aberto com desenvolvimento autónomo,
- Trata-se de valorizar os recursos (produtos de qualidade/criação de gado típicos da região, culturas arvenses e frutícolas, madeira, utilização de energia, etc.),
- Conversão do turismo para a utilização da economia regional (ver Turismo alpino/avaliação e mudança > http://rn.bpb.de/apuz/25886/alpentourismus-bewertung-und-wandel?p=all [2.2.2019]),
- Internet mais rápida com locais de trabalho descentralizados,
- novas paisagens culturais com proteção do habitat. Isto requer uma infraestrutura específica e apoio, supervisão e aconselhamento para projectos comunitários.
    - Expansão das instalações escolares e extracurriculares,
    - Fornecimento de instalações médicas e de cuidados aos doentes,
    - Assistência social aos jovens e aos idosos,
    - Ligações adequadas aos transportes públicos e uma rede de transportes apropriada,
    - unidades administrativas suficientes,
    - Possibilidades de espaços de trabalho,
    - Apoio e promoção da agricultura de montanha,
    - Criação de espaços de lazer.
- Deve ser dada maior atenção à importância da Convenção

Alpina na salvaguarda dos interesses europeus nos Alpes (cf. tráfego em trânsito, utilização da água, zonas de lazer/zonas protegidas - parques nacionais de conservação da natureza).

5.3 Domínios de atividade da educação política

Os domínios de responsabilidade são

- uma política agrícola que tenha como objetivo a preservação da agricultura de montanha - do ponto de vista económico, ecológico, social e cultural,
- as alterações climáticas e a proteção do clima como uma questão complexa de política ambiental e
- uma maior atenção à sensível região alpina no contexto das considerações globais e da aprendizagem global.

A bipolaridade da economia e da ecologia gera um conflito de interesses.

A educação política põe em evidência a controvérsia e procura soluções consensuais em casos individuais.

A beleza da paisagem alpina e a sua singularidade - dentro e fora da escola - devem ser cada vez mais realçadas no contexto da educação política em

- projectos,
- Excursões,
- Explorações,
- Imagens e
- experiência prática (cf. a dissertação sobre a cultura da profissão de guia de montanha [Suíça] de HUNGERBÜHLER 2014).

Cada vez mais, estamos a assistir às consequências das alterações climáticas com uma

- Aquecimento nas montanhas altas (cf. aumento da linha de neve, derretimento dos glaciares, diminuição do escoamento da água, derretimento do permafrost, condições meteorológicas severas e riscos naturais [chuvas fortes, deslizamentos de terra e avalanches de rochas], bem como aumento das áreas de seca),

- Deslocação da flora e da fauna e

- Aparecimento de novas pragas.

5.4 IT - Notas

Universidade de Innsbruck - "Conferência Internacional de Montanha 2019'78-12, 2019

> https://tirol.orf.at/stories/3011876/ (8 DE SETEMBRO DE 2019)

ORF.at - As alterações climáticas estão a provocar o desmoronamento mais rápido dos Alpes > https://salzburg.orf.at/stories/3014758/ (27.9.2019)

Bibliografia II

Os títulos que são utilizados e/ou diretamente citados no artigo são listados.

Convenção Alpina (2013): Turismo Sustentável nos Alpes, 4º Relatório sobre o Estado dos Alpes, Innsbruck

Bätzing W. (2015): Os Alpes - História e futuro de uma paisagem cultural europeia, Munique.

Bätzing W. (2018): Os Alpes. O desaparecimento de uma paisagem cultural, Darmstadt

Dichatschek G. (2018): Didática da educação cívica. Teoria, prática e campos de ação na didática da educação cívica, Saarbrücken

Grupp P. (2008): Fascination of the mountain. A história do alpinismo, Viena

Haid H. (1986): Vom alten Leben. Formas passageiras de existência e de trabalho nos Alpes, Rosenheim

Haid H. (2005): New Life in the Alps. Iniciativas, modelos e projectos na agricultura biológica, Viena - Colónia - Weimar

Heinich - Böll - Stiftung/ Bund für Umwelt und Naturschutz Deutschland/ Le Monde Diplomatique (2019): Atlas Agrícola 2019: Factos e números sobre a agricultura da UE, Berlim

Hungerbühler A. (2014): Kings of the Alps. Sobre a cultura da profissão de guia de montanha, Bielefeld

Kastler U. (2018): Não existe um mundo ideal nos Alpes, in: Salzburger Nachrichten, 13 de dezembro de 2018, 19

Luger K. - Rest Fr. (eds.) (2018): Travelling in the Alps. Experiência, Transformação Espacial, Imigração, Innsbruck-Viena-Bolzano

Mair B. (2019): Entre o lar e o lazer, in: Tiroler Tageszeitung, 15 de abril de 2019, 5

Mathieu J. (2015): Os Alpes. Espaço - Cultura - História, Estugarda

Pfeiffenberger A. (2019): O risco na montanha é subestimado, em: Salzburger Nachrichten, 8 de janeiro de 2019, 1

Vitek E. (n.d.): The flora of the Austrian Alps, Museu de História Natural, Viena

14 Ética alpina

Em seguida, tenta-se apresentar a ética alpina como uma forma prática de aplicação na vida quotidiana e, se necessário, colocá-la em discussão como um modelo para o futuro dos Alpes enquanto espaço de vida. De seguida, tenta-se formular uma espécie de decálogo para as questões éticas alpinas.

14.1 Introdução

Amigos dos Alpes, alpinistas, caminhantes de montanha, desportistas e amantes da natureza estão empenhados na preservação das paisagens de montanha.

Os clubes e associações alpinas, abertos a todos aqueles que concordam com os objectivos, são geralmente considerados como pontos de contacto para parceiros competentes e fiáveis. Existem também peritos reconhecidos entre os guias de montanha certificados pelo Estado e os guias de montanha do exército, os botânicos e zoólogos alpinos, os peritos ambientais e os peritos em agricultura de montanha, os folcloristas e os geógrafos humanos.

Uma parceria alpina - com ou sem associações - vê-se a si própria como independente de partidos políticos e denominações.

14.2 Jovens - Famílias - Seniores

As caminhadas e escaladas de montanha activas e partilhadas, bem como a vivência da natureza, são uma preocupação central para todos os grupos etários.

O que é necessário é um compromisso social global dos vários grupos sociopolíticos e grupos de interesse. A sua reunião e a utilização de modelos de cooperação promoverão o apreço mútuo entre as gerações.

14.3 Formas clássicas de actividades alpinas

O alpinismo clássico inclui caminhadas de montanha e passeios de montanha desafiantes.

- O efeito lúdico para o corpo, a alma e o espírito deve encontrar aqui o seu lugar, tal como a atividade desportiva.
- Os pontos de partida são os princípios enumerados acima e abaixo, em especial a responsabilidade pessoal e o conhecimento das normas éticas alpinas.

14.4 Novos desportos - tendências - desenvolvimentos

Os novos desportos alpinos, tendências e desenvolvimentos devem ser compatíveis com a natureza e a paisagem. Os princípios éticos alpinos devem ser respeitados. A promoção dos desportos populares e o apoio aos desportos de competição devem estar no centro das atenções.

14.5 Formação para a região alpina

A formação contínua e o aperfeiçoamento dos gestores nos vários domínios de atividade parecem essenciais. Os grupos-alvo são também os membros dos clubes alpinos, esquiadores principiantes e avançados de todas as idades, voluntários e empregados a tempo inteiro.

A educação geral de adultos está também a tornar-se cada vez mais importante para o trabalho cultural na região alpina. Outros temas incluem aspectos da natureza e do ambiente, segurança, tolerância mútua e interculturalidade.

14.6 Natureza e ambiente

A preservação da natureza e do ambiente é uma preocupação

central dos princípios éticos alpinos.

- Uma abordagem respeitadora da natureza e do ambiente da paisagem de montanha e da sua flora e fauna sensíveis exige educação e formação.

- É também necessária uma influência política democrática (cf. a importância da educação cívica com as suas áreas temáticas, em particular a educação ambiental e as alterações climáticas).

14.7 Infra-estruturas alpinas

Os trilhos, os abrigos e as ajudas à subida, bem como a sua manutenção, desempenham um papel fundamental no êxito, na importância e na preservação do espaço alpino.

Isto inclui também o turismo alpino.

No que respeita às actividades de lazer ativo, a necessidade e a construção de instalações adequadas para a formação alpina devem ser tidas em conta em termos de política espacial e de compatibilidade ambiental.

14.8 Segurança

A segurança e o salvamento em montanha são da maior importância quando se realizam actividades nos Alpes. A prioridade dada à prevenção de acidentes e às medidas de apoio ao salvamento em montanha faz parte da ética alpina.

14.9 Cultura-Arte-Tradição-Costumes

As regiões montanhosas dos Alpes possuem diversas áreas culturais com significado histórico. A valorização e a promoção da cultura e da arte alpinas, das línguas, das tradições e dos costumes pertencem, por conseguinte, às áreas temáticas do folclore/etnologia, da interculturalidade, da geografia humana e da educação política.

14.10 Acções de informação e relações públicas

É necessário um trabalho de informação e de relações públicas aberto, objetivo e oportuno, tanto dentro como fora do espaço alpino. A informação alpina está a tornar-se cada vez mais um ponto focal.

III Sustentabilidade

1 Introdução

O ponto de partida das dimensões e do conceito para o autor são as

- Conclusão do programa de ensino à distância "Desenvolvimento Sustentável" - Evangelische Arbeitsstelle Fernstudium im Comenius - Institut Münster (2020),
- Conclusão do 10.o Programa Universitário de Formação Política - Universidade de Salzburgo - Klagenfurt (2008) e
- O envolvimento da empresa com a literatura especializada e a crescente atualidade do tema.

Como introdução ao tema, "sustentabilidade" na linguagem quotidiana significa algo como duradouro, persistente ou que tem um efeito durante um longo período de tempo.

O termo "desenvolvimento sustentável" é utilizado para descrever a forma como a humanidade se deve desenvolver, sublinhando o carácter processual das mudanças naturais e sociais (ver FERNKURS NACHHALTIGE ENTWICKLUNG EINFÜHRUNGSHEFT 2014, 12).

1.1 Desenvolvimento sustentável

O núcleo normativo do "desenvolvimento sustentável" é a ideia de justiça inter e intra-geracional, tendo em conta a diminuição dos recursos naturais e a capacidade decrescente dos ecossistemas para absorverem as emissões e a crescente degradação ambiental.

O conceito compromete-se a garantir que as pessoas possam levar uma vida segura e autónoma. O ponto de partida é garantir e, na melhor das hipóteses, restaurar a base da vida para todos, hoje e no futuro (cf. MEISCH 2014, 6).

Seria enganador falar de um estado de "desenvolvimento sustentável" que possa ser definido com exatidão, especialmente porque existem diferentes espaços organizacionais em função da cultura, do local e do tempo.

As razões para tal são as condições físicas e socioculturais na sua diversidade (cf. ecossistemas, sociedades e identidades culturais).

Além disso, deve ser tida em conta a evolução das condições ao longo do tempo devido a processos naturais e sociais, bem como as ideias éticas a examinar (cf. alterações climáticas; demografia, convulsões sociopolíticas; justiça).

A transformação para uma sociedade mais sustentável é um processo de procura, aprendizagem e experiência baseado no conhecimento e orientado para a ética (cf. GRUNWALD - KOPFMÜLLER 2012, 12).

A ciência contribui para estes processos através de certas formas de conhecimento.

1.2 Transformação para uma sociedade sustentável

A educação participativa e transformadora permite a participação ativa (cf. os esforços da ciência da educação e da didática da educação cívica; DE HAAN 2004, 39-46; DICHATSCHEK 2017a, 2017b).

A contribuição destina-se a incentivar a "Educação para o Desenvolvimento Sustentável" (EDS) em todos os domínios da educação no contexto da educação cívica.

- O programa destina-se às escolas, à formação de professores e à educação de adultos.
- São necessários conhecimentos de pedagogia escolar, didática universitária e educação de adultos.

Em seguida, é apresentada a combinação de questões económicas-ecológicas-sociais / "modelo dos três pilares", saúde-desporto-lazer, ciência-sustentabilidade e não-sustentabilidade ou política de risco, cultura e conceção de um projeto.

O artigo aborda em pormenor a mobilidade sustentável e, enquanto elemento de um processo de desenvolvimento pedagógico, os factores da cultura de aprendizagem da formação contínua.

O estudo não pretende ser exaustivo; centra-se nas opiniões pessoais dos autores.

O objetivo é contribuir para um discurso objetivo na educação política.

2 "Modelo dos três pilares" Economia, ecologia e questões sociais

Os três pilares foram desenvolvidos na década de 1990 e utilizados como referência para a sustentabilidade na Cimeira Mundial de Joanesburgo, em 2002.

O equilíbrio e a igual importância dos três domínios são fundamentais para o desenvolvimento sustentável. Os três objectivos são mutuamente dependentes. Desta forma, o desempenho económico, ecológico e social de uma sociedade deve ser assegurado e melhorado.

2.1 Sustentabilidade económica

É necessária uma boa gestão.

As empresas sustentáveis também devem ser lucrativas. Devem ser feitos investimentos em inovações técnicas, novos funcionários e programas de formação. No entanto, a maximização dos lucros não deve ser o único objetivo. As empresas sustentáveis podem também perseguir novos objectivos, como a melhoria da qualidade de vida ou a promoção da proteção do ambiente, a promoção da saúde, a convivência familiar, a formação e projectos de formação contínua.

A nível nacional, a sustentabilidade económica significa manter a dívida pública a um nível baixo, de modo a que as gerações futuras sejam apenas ligeiramente sobrecarregadas. O equilíbrio económico externo deve ser mantido de forma a não penalizar os outros países. Os países com fortes exportações tornam os outros países dependentes das exportações. Estes países não são capazes de desenvolver uma economia competitiva a nível local, o que resulta numa elevada taxa de desemprego. O endividamento do país deve ser evitado.

2.2 Sustentabilidade ecológica

Apela à conservação do ambiente e dos recursos naturais. As empresas e os países devem trabalhar no sentido de uma utilização consciente da água, da energia e das matérias-primas finitas.

O pilar também representa o consumo consciente dos recursos naturais da Terra e a forma como os recursos renováveis podem ser substituídos. O objetivo é evitar danos no ecossistema e, consequentemente, promover a biodiversidade. Isto também significa manter as emissões tão baixas quanto possível.

O pilar representa também uma abordagem consciente da saúde humana, ou seja, a prevenção e a promoção ativa da saúde.

2.3 Sustentabilidade social

O que é necessário é a posição das pessoas no centro, a sua dignidade e o seu livre desenvolvimento. Este pressuposto básico representa o mínimo.

A exploração, o trabalho forçado e o trabalho infantil são, portanto, contraditórios.

O pilar "Social" exige uma remuneração justa, a realização dos interesses dos trabalhadores e o desenvolvimento pessoal em termos de estilo de vida, medidas educativas e actividades profissionais.

A orientação para o bem comum da sociedade é o objetivo sociopolítico.

2.4 Crítica

Toda uma série de conceitos alternativos de sustentabilidade, que são significativamente mais complicados, estão também a ser criticados.

Uma das principais críticas é o facto de ser difícil de aplicar. O modelo fornece diretrizes, mas não soluções concretas. Por este motivo, é provavelmente aplicável a muitos domínios, mas a sua abertura é criticada.

Os pilares estão abertos a quase todos os objectivos de política económica e social, como o crescimento económico, o pleno emprego ou o aumento das receitas fiscais. Deste modo, o modelo alarga consideravelmente o conceito de sustentabilidade.

É igualmente criticado o facto de os três pilares serem teoricamente importantes, mas não o serem na realidade. O facto é que, na prática, o pilar ecológico está subordinado na sociedade moderna ("sustentabilidade fraca"). Os recursos naturais são compensados pelo capital humano e físico; a única coisa que conta é a prosperidade, mesmo à custa da natureza.

A "sustentabilidade forte" deveria ser o objetivo da sustentabilidade ecológica, com a proteção das condições naturais de vida como pré-requisito básico para a estabilidade ecológica e social.

O modelo também pode ser encontrado como um conceito no artigo 1º do Tratado da Comunidade Europeia.

Há apelos a um alargamento a um quarto pilar com uma dimensão político-institucional.

Em 2015, a ONU adoptou a "Agenda 2030" para o desenvolvimento sustentável. Mais de 13 000 empresas aderiram ao Pacto Global da ONU. Estas empresas estão comprometidas com princípios universais nos domínios dos direitos humanos, das normas laborais, do ambiente e da prevenção da corrupção. Estes domínios podem ser rastreados até ao modelo.

Evangelische
Arbeitsstelle
Fernstudium

Zertifikat

für

Herrn
Dr. Günther Dichatschek MSc

über den erfolgreichen Abschluss des Fernkurses

Nachhaltige Entwicklung

der Evangelischen Arbeitsstelle Fernstudium im Comenius-Institut e.V.

STAATLICHE ZENTRALSTELLE FÜR FERNUNTERRICHT
ZUGELASSEN
ZFU

Münster, 17. August 2020

Frau Dr. Ada Gertrud Wolf
Leiterin der
Evangelischen Arbeitsstelle Fernstudium
im Comenius-Institut e.V.

3 Saúde, desporto e lazer

3.1 Cuidados de saúde

Na Áustria, a Comissão Federal de Saúde e o Conselho de Ministros adoptaram, em 2011, objectivos para a melhoria e a manutenção sustentáveis da saúde, em conjugação com uma redução dos encargos com os cuidados de saúde (ver MINISTÉRIO FEDERAL DA SAÚDE E DAS MULHERES, 2012).

Com base num sistema de saúde eficiente, a esperança de vida da Áustria é inferior à média da UE. Por conseguinte, é um objetivo sustentável aumentar o número de anos de vida saudável. A interdependência entre a saúde, as actividades desportivas e a utilização de tempos livres relaxantes e significativos é um dado adquirido.

Em termos de "Educação para o Desenvolvimento Sustentável/EDS", os objectivos influenciam os factores de educação, situação laboral, segurança social e influências ambientais.

3.2 Princípios básicos

Os princípios básicos indicam as dimensões.

- Alinhamento com os factores de influência,
- Consideração de diferentes domínios políticos,
- Promoção da igualdade de oportunidades,
- Orientação para os recursos,
- Orientação para um benefício,
- A sustentabilidade como um benefício a longo prazo,
- Orientação para o impacto como relevância e
- Compreensibilidade para não especialistas.

É dada especial importância aos três primeiros e à sustentabilidade.

4 Ciência

4.1 Reclamação

A pretensão da ciência é

- a realização de objectivos teóricos e
- resultados práticos e soluções subsequentemente realizáveis na diversidade das suas disciplinas, tais como a
    - Ciências naturais,
    - Humanidades,
    - Ciências da engenharia,
    - Economia,
    - Ciências sociais,
    - Estudos culturais,
    - Ciências da educação e
    - as respectivas abordagens éticas (cf., em geral, ética analítica, ética aplicada).

4.2 Limites

Os limites e as insuficiências decorrem da aplicação dos conhecimentos, da conceção da ciência, da pluralidade das formas de conhecimento e da quebra do otimismo científico.

A ciência é, sem dúvida, a fonte mais importante de informação sobre oportunidades e riscos.

A tarefa da ética consiste em obter resultados com base em padrões de sucesso.

5 Não sustentabilidade - política de risco

De seguida, a falta de sustentabilidade ("não sustentabilidade") e a política de risco são tratadas como uma expressão desta dimensão.

5.1 Não sustentabilidade

A partir da compreensão da sustentabilidade, a especificidade da sociedade contemporânea pode ser caracterizada pelo conceito de sociedade da "insustentabilidade" (cf. VOLKMER - WERNER 2020, 229-230).

- As sociedades de consumo ricas do Norte Global estão infectadas pelo vírus.
- A força destrutiva é significativa em termos sociais, ecológicos, económicos e democráticos.
- São afectados determinados grupos sociais, países inteiros e também as condições ecológicas e económicas. Apesar da sua relevância sistémica, são pouco valorizados.
- A sociedade defende resolutamente as suas liberdades, os seus valores e o seu estilo de vida, "custe o que custar".

A dimensão democrática e quarta, particularmente interessante para a educação política, reagiu com determinação e grande capacidade de ação na primeira fase com uma aliança social e solidariedade em ligação com grupos sistemicamente relevantes.

- Consequentemente, as medidas foram vistas pelos movimentos de protesto como uma ameaça aos direitos fundamentais e ao Estado de direito.
- De facto, a pandemia está a acelerar mudanças que já estavam a surgir (ver "viragem pós-democrática") e a apoiar a insustentabilidade.
- Nas últimas décadas, mesmo nas democracias estabelecidas, tem-se falado cada vez mais de desencanto com a política, de desencanto com os partidos políticos e de uma crise da democracia.
- As reformas devem ultrapassar os fenómenos políticos.
- A crescente complexidade dos processos políticos, a internacionalização e a pluralidade das sociedades modernas parecem estar a sobrecarregar as democracias liberais.
- A disfuncionalidade crescente está relacionada com as instituições e os procedimentos democráticos, a sua adequação e a concretização das exigências modernas de liberdade e autodeterminação.
- Este processo político está a conduzir a actividades de muitos actores políticos, tais como decisores, elites liberais, activistas do clima, minorias marginais, populistas nacionais e outros

grupos que estão a desenvolver uma relação ambivalente com a democracia (cf. HIRSCHMANN 2017; VOLKMER - WERNER 2020, 233).

- Assim, seria de esperar uma transformação da democracia em condições de liberdade e de auto-realização ou de autonomia pessoal cada vez mais actualizadas e marginalizantes.
- Esta crise está a expandir-se para a insustentabilidade da democracia.
- A democracia liberal também partilha a responsabilidade pela insustentabilidade ecológica e social da sociedade de consumo.
- Em termos culturais, a democracia liberal também parece estar a emaciar.
- Neste contexto, está a emergir uma situação política instável com ameaças à democracia liberal em situações de conflito com fenómenos políticos iliberais e autoritários e a necessidade de sustentabilidade (ver SCHEIDIG 2016, KOST - MASSING - REISER 2020).

5.2 Política de risco

Por detrás da gestão dos riscos, como os danos iminentes, as catástrofes e o estado de emergência, está um modo de política de Estado / "política de risco".

Segundo Ulrich BECK (1986, 1998) e Niklas LUHMANN (1991), existe uma "sociedade de risco" com riscos técnicos, económicos, ecológicos e sanitários. A tentativa de criar um Estado de precaução deve ser vista como um Estado.

5.2.1 Caraterísticas estruturais

Caraterísticas estruturais de uma política de risco moderna (cf. VOLKMER - WERNER 2020, 242-247)

- A política de risco é uma política do negativo - são feitas tentativas para evitar ou atenuar as condições negativas. Os riscos intra-societários incluem as crises económicas, o desemprego e a criminalidade, enquanto os riscos extra-societários incluem os riscos técnicos e os perigos ecológicos.

A política do negativo é combinada com a política do positivo, por exemplo, como um estado social.

- A política de risco como segurança no futuro - segurança à custa da liberdade e da dinâmica, como as estruturas económicas do mercado e o progresso técnico.
- A política de riscos depende de conhecimentos científicos especializados - como a economia e a sociologia, as ciências da saúde e a medicina, a economia, a informática, a investigação sobre o clima e as ciências da educação.
- Gestão colectiva e individual dos riscos - os indivíduos realizam eles próprios um trabalho de prevenção (segurança pessoal, precauções sociais), toda a população minimiza os riscos (crises, planos de emergência).
- Política de risco com diferentes riscos - medidas de contenção e riscos consequentes.
- Política de risco em modo permanente ou em modo de crise - política de risco permanente ou utilização alargada de fundos.

5.2.2 Factores

Os seguintes factores reforçam as estruturas de risco, tais como

- capitalismo globalizado e mercados financeiros altamente complexos,
- política mundial com a perda da hegemonia dos EUA, a ascensão da China, o reforço da Rússia, o desenvolvimento de "Estados falhados" no Médio Oriente, por exemplo, e as tensões internas na União Europeia,
- Digitalização da economia, da educação, da administração, da medicina, das forças armadas e das relações privadas em função de uma tecnologia altamente complexa,
- A globalização conduz facilmente a crises regionais que podem subsequentemente alastrar a outras regiões, como a crise financeira, a crise do coronavírus e a crise dos refugiados,
- As tensões socioculturais aumentaram nas sociedades

ocidentais desde 2010 e, nalguns casos, conduziram à polarização política (ver RECKWITZ 2019),

- Os riscos aumentaram devido à eleição de políticos populistas nacionais, aos protestos políticos (coletes amarelos) e à difusão de mitos conspirativos,
- As alterações climáticas comportam uma série de riscos ecológicos (como o aquecimento a longo prazo, condições meteorológicas extremas, secas, perda de biodiversidade).

Os factores mencionados não falam a favor de uma exceção à política de risco, mas antes a favor da sua importância na política moderna tardia.

Uma ideia de resiliência pode ser transferida para o nível coletivo, tal como a de vulnerabilidade. Um Estado resiliente estaria em modo permanente através da política de risco. A política de alterações climáticas seria um exemplo disso (cf. VOLKMER - WERNER 2020, 249).

6 Cultura

O termo cultura refere-se ao trabalho criativo e artístico. Um certo modo de vida é designado por sofisticação. Certos hábitos são típicos de áreas específicas, como a cultura juvenil ou a cultura estudantil.

De acordo com o significado latino de "cultura", fala-se de paisagens cultivadas ou de monocultura.

6.1 Setor cultural

De acordo com a UNESCO 2007, o sector cultural inclui o património cultural e natural, espectáculos e festivais, artes visuais, artesanato e design, livros e imprensa, e meios audiovisuais e digitais (cf. FREERICKS - HARTMANN - STECKER 2010, 197-198).

O desenvolvimento sustentável é um desafio global. Para além das soluções habituais, trata-se de normas e comportamentos culturais numa sociedade moderna. O apelo à mudança cultural está a tornar-se cada vez mais forte.

- O mito do crescimento e, consequentemente, a cultura do consumo devem ser testados quanto à sua adequação.

- A ajuda, a cooperação, o interesse próprio e o interesse público no contexto da justiça global devem ser equilibrados.
- Em 2008, um país como o Equador tomou conhecimento ao incluir os direitos da natureza na sua Constituição.
- O que é necessário são novos princípios orientadores e pessoas que estejam preparadas para encontrar novos caminhos criativos para o futuro.
- Romper com velhas formas de pensar é a atividade principal da cultura e da arte.
- No estudo do Clube de Roma de 1972 "Limites do Crescimento", a coautora Donella Meadows considerou essencial uma mudança nas normas culturais das sociedades ocidentais (cf. o Relatório Brundtland de 1987, que também pressupõe um processo global de mudança).
- A "Declaração da UNESCO sobre a Diversidade Cultural" de 2001 baseia-se na importância da diversidade das culturas e na integração da cultura no desenvolvimento sustentável.

6.2 Valores e atitudes

A questão dos valores e das atitudes não deve ser negligenciada no contexto da educação cívica (cf. o mandato educativo das disciplinas de ética, religião, educação cívica e interculturalidade). Trata-se de visões positivas do futuro e de dimensões para uma vida bem sucedida.

- O projeto apresentado como inspiração para projectos maiores oferece a oportunidade de assumir responsabilidades e de experimentar uma oportunidade de desenvolvimento pessoal.
- Vale a pena o esforço educativo para ser uma parte ativa da sociedade.
- Por conseguinte, é natural ver a educação cultural no contexto do desenvolvimento sustentável.

Trata-se de reforçar as competências de participação - cooperação - responsabilidade - novas formas de pensar - respeito pela natureza e diversidade de culturas para uma transição para uma sociedade pós-industrial.

Referência na Internet

Leipprand Eva (2013/2012): Cultura, educação e desenvolvimento sustentável, in: Kulturelle Bildung Online > https://kubi-online.de/artikel/kultur-bildung- nachhaltige-entwicklung (13.10.20)

7 Campo de aprendizagem e ação

7.1 "Década Mundial para o Desenvolvimento Sustentável"

Baseado na iniciativa das Nações Unidas do "Relatório Brundtland" de 1987, este é um domínio da educação que surgiu em 1992, na sequência da Conferência do Rio.

- Os Estados membros da ONU comprometeram-se com o princípio orientador do desenvolvimento sustentável nos seus sistemas educativos.
- A "Década Mundial para o Desenvolvimento Sustentável" foi proclamada em 2005-2014.

7.2 Áreas temáticas

Isto resulta em áreas temáticas complexas no contexto da pedagogia e da didática especializada na

- secundário (escola),
- terciário (FH, universidade) e
- sector da educação quaternária (educação de adultos)

e, por conseguinte, nas aulas escolares, no ensino universitário e nos cursos.

Exemplos disso são

- Justiça - justiça intergeracional, justiça de género,
- Paz - conflitos, migração, reconhecimento do estrangeiro,
- Futuro - abastecimento alimentar, recursos energéticos, saúde, tráfego/transporte, modelos económicos,
- Ambiente - proteção do clima, paisagismo, biodiversidade,

mobilidade e volume de tráfego

- Sustentabilidade - coexistência político-económico-ecológico-social e cultural.

8 Temas/seleção do projeto

8.1 Sugestões para o desenvolvimento da escola - aspectos de uma nova cultura escolar e de aprendizagem

Desenvolvimento pessoal > Aprendentes

Desenvolvimento do pessoal > Professores

Gestão da educação > Gestão da educação

8.2 Educação política

Áustria

Estrutura do Estado

Parlamentarismo, democracia, participação

Multilinguismo, interculturalidade, transculturalidade

Europa

UE, Conselho da Europa, OSCE, OCDE

Habitat alpino (Convenção Alpina)

Populismo

Desmantelamento da democracia

8.3 Competência intercultural

Migração

diversidade cultural e interculturalidade

processos globais de aprendizagem

8.4 Processos educativos

Educação cívica - educação para a democracia

Orientação profissional - Desemprego dos jovens

Educação para a saúde

Educação económica

Ecologia

Ética Aplicada - Religião

Formação contínua

8.5 Trabalho parental

- Educação - normas e valores
- Escola - Desenvolvimento do ensino e da aprendizagem
- Sistema de ensino - autonomização e esforços de reforma
- Aconselhamento de estudantes e pais e aconselhamento educativo - Aconselhamento de estudantes e
- Aconselhamento de adultos (cf. aconselhamento educativo, familiar, profissional e jurídico)

8.6 Didática - Trabalho de projeto

8.6.1 Conhecimentos de base

- Qualidade do ensino - cultura de ensino e aprendizagem
- Métodos de ensino e de aprendizagem
- Didática especializada

8.6.2 Formas de aprendizagem

- Trabalho em equipa
- Investigações sobre os aspectos - debates de peritos
- Estudos de casos
- Workshops - Grupos de trabalho
- aprendizagem baseada em problemas,
- Aprendizagem em matérias ou disciplinas,
- aprendizagem interdisciplinar,
- aprendizagem crítica e
- Aprendizagem em rede

8.6.3 Localização do projeto

- Trabalho em rede e criação da sua própria página inicial com apoio - exemplo para a escola http://www.schulwiki.org/wiki.cgi?
- Documentação

- Apresentação - Alunos, professores - Trabalho dos pais
- Ligação em rede
- Relações com a imprensa - Relações públicas
- Publicação

Mobilidade sustentável - viabilidade futura

Em seguida, é apresentado um projeto para discussão no contexto do "VCÖ - Prémio de Mobilidade 2022".

9 Áreas temáticas

9.1 Transporte de passageiros e de mercadorias

O transporte de passageiros e de mercadorias está a crescer de forma constante sob a forma de tráfego em trânsito e de sistemas de transporte urbano.

A mobilidade e a acessibilidade são condições prévias para

- participação social,
- intercâmbio económico,
- Emprego e
- Prosperidade.

Ao mesmo tempo, o atual sistema de transportes está a causar uma grave poluição ambiental. Nas últimas décadas, o volume de tráfego na Áustria e nas regiões limítrofes registou um enorme aumento. Sobretudo o transporte de passageiros, para além do transporte de mercadorias.

Mesmo que os veículos se tenham tornado mais limpos e silenciosos, o tráfego motorizado continua a causar muita poluição através de

- emissões de gases com efeito de estufa,
- poluentes atmosféricos,
- Ruído,
- Utilização das terras e
- o consumo de recursos tem um impacto ambiental negativo.

9.2 Mobilidade sustentável transportes

Coloca-se a questão de saber como manter e assegurar a mobilidade de pessoas e bens sem que o tráfego represente, a longo prazo, uma sobrecarga excessiva para as pessoas e o ambiente.

A mobilidade sustentável está, por conseguinte, no centro das considerações. Com a sua "Estratégia para uma Europa com impacto neutro no clima", a Comissão Europeia estabeleceu o objetivo de descarbonizar o sistema de mobilidade europeu até 2050, ou seja, torná-lo neutro em termos de gases com efeito de estufa.

10 Discurso político

10.1 FieldsPolltlscherBlldung

O tema abrange os domínios da educação política.

As decisões políticas devem ser implementadas com medidas para atingir os objectivos.

Uma estratégia no domínio do desempenho dos transportes inclui os quatro domínios

- Evitar o tráfego,
- Mudança para modos de transporte mais respeitadores do ambiente, como o comboio ou o barco,
- Aumentar a eficiência energética e
- utilizar combustíveis e eletricidade pós-fósseis neutros em termos de gases com efeito de estufa.

Para organizar os transportes de forma eficiente utilizando combustíveis e motores alternativos, é necessário reduzir a procura de energia do sector dos transportes. Evitar e desviar o tráfego é, por conseguinte, essencial.

10.2 Transportes sustentáveis

A evitação, em particular, é muitas vezes mal compreendida.

O objetivo não é impedir o tráfego,

- encurtar as rotas de transporte, alterando as estruturas de povoamento e os locais de produção ou as estruturas de produção, ou

- aumentar a utilização dos veículos.
- Trata-se de mais mobilidade com menos tráfego.

O transporte sustentável exige um conjunto de medidas (transporte intermodal), uma vez que as medidas individuais não podem ter o efeito necessário.

- O veículo e a sua tecnologia de acionamento não devem ser os únicos protagonistas.
- Os objectivos de proteção do clima só podem ser alcançados através de uma abordagem integrada com medidas não técnicas.
- O que é necessário são incentivos económicos com o objetivo de mudar comportamentos e
- planeamento do povoamento e dos transportes,
- evitar o tráfego e utilizar meios de transporte respeitadores do ambiente.

11 Transporte quotidiano amigo do ambiente

Promoção da bicicleta e da deslocação a pé - ciclovias e vias rápidas para bicicletas, espaços de estacionamento e sinalização - espaço para deslocações a pé e mais conceitos de deslocação a pé

Autocarro e comboio - expansão dos serviços regulares e mais paragens - ligações diretas e rápidas - melhoria da qualidade do serviço

Redes de transportes - partilha de automóveis através de lugares de estacionamento preferenciais - utilização combinada de diferentes modos de transporte - sistema tarifário transparente

Tráfego de veículos particulares - expansão da gestão do estacionamento - velocidade normalizada no tráfego local e nas auto-estradas

12 Turismo sustentável

De acordo com LUGER (2022, 254 - 297), há muitas formas de alcançar a sustentabilidade no turismo. O ponto de partida deve ser o tipo de transporte e o tráfego de e para os destinos de férias (cf. REIN - STRADAS 2015).

12.1 Viajar

Cerca de 80% das viagens dentro da Áustria e dos países vizinhos para as estâncias de férias austríacas são efectuadas de automóvel (ver informação na Internet sobre as consequências das alterações climáticas > https://ccca.ac.at/wissenstransfer/apcc/broschuere-der-oesterreichische- tourismus-im-klimawandel, 23.6.2022).

O tráfego automóvel individual é o fator desencadeador do "overtourism". Trata-se de exceder a capacidade de carga de um destino, o excesso nos centros das cidades, nos sítios históricos e nas zonas de excursão e de lazer.

12.2 Região alpina

A região alpina caracteriza-se também por ser uma zona natural, habitacional e turística sensível, com um elevado nível de tráfego automóvel.

- A disponibilização de meios de transporte respeitadores do ambiente é de importância fulcral para uma política regional respeitadora do clima.
- Uma rede de transportes ferroviários (comboio) e rodoviários (autocarro) facilita a mudança para os transportes públicos. Um bom serviço de bagagens, serviços de vaivém e ofertas multimodais são desejáveis.
- A importância dos caminhos-de-ferro locais e das suas ligações não deve ser subestimada.
- Exemplos como uma plataforma de viagens para a região turística de Villach-Faker See foram reconhecidos pelo VCÖ, e os mapas de viagens digitais facilitam os hábitos de viagem (cf. LUGER 2022, 256). É também de salientar a necessidade de aconselhamento, apoio e, se necessário, orientação (cf. a importância do desenvolvimento profissional).

De importância internacional é o "Acordo Verde" da União Europeia como lei para tornar a Europa livre de emissões até 2050. O objetivo intermédio da Aly é reduzir as emissões de gases com efeito de estufa em 55% até 2030.

Como em todos os sectores da economia, o turismo enfrenta os seguintes desafios

- Poupanças no sector da energia,
- Conversão dos processos de aquecimento e
- isolamento térmico das instalações de alojamento.

Em termos de visões e medidas, as exigências do discurso da sustentabilidade nos documentos e os objectivos e condições-quadro para o turismo no 5º Programa de Ação da UE e nos protocolos da Convenção Alpina sobre Desenvolvimento Ambiental foram incluídos na Áustria.

Referência na Internet

https://www.ris.bka.gv.at/GeltendeFassung.wxe?Abfrage=Bundesnormen&Gesetzesnummer=10010876 (20 DE JUNHO DE 2022)

Os princípios e objectivos de um turismo e de uma indústria de lazer sustentáveis foram definidos já em 1995, mas a sua aplicação está bastante atrasada, e não só na Áustria (cf. LUGER 2022, 259).

O desenvolvimento para proteger o espaço alpino como espaço de vida e de cultura é do interesse de toda a sociedade e do público, um ramo da indústria com infra-estruturas turísticas, política de transportes e ordenamento do território (cf. DOLLINGER2021).

O desenvolvimento sustentável do espaço cultural alpino da Europa Central tem em conta os seguintes factores (cf. LUGER 2022, 261-262)

- Ordenamento do território,
- Tráfego,
- Agricultura e silvicultura,
- Ambiente e conservação da natureza e
- Abastecimento de água e energia.

12.3 Plano T - Plano diretor para o turismo austríaco

O plano diretor de 2019 intitula-se "A caminho de se tornar um destino turístico sustentável" (ver LUGER 2022, 262 - 268).

O princípio orientador da sustentabilidade é resumido a seguir.

- A sustentabilidade como responsabilidade global e contribuição para a realização dos objectivos da ONU
- Natureza intacta - salvaguardar a base da vida
- O turismo como harmonia entre as pessoas e a natureza - Eficiência dos recursos
- Expansão da mobilidade sustentável e das soluções de transporte
- Repensar o turismo - cultura de cooperação - utilizar o potencial digital
- Problemas dos trabalhadores - atratividade do trabalho no turismo
- Marketing - Gestão

Informações sobre a Internet

Plano T > https://info.bmlrt.gv.at/themen/tourismus/masterplan-tourismus- plan-t.html (25.6.2022)

Escassez de mão de obra > https://orf.at/stories/3268573/ (25.6.2022)

12.4 Ecoturismo

Uma visão deve, em última análise, ser abordada com uma citação de Confúcio: "Se fores a outro país, deves saber o que lá é proibido" (cf. LUGER 2022, 271, 272-285).

- Não destruas o que procuras quando o encontras.
- Acções de igualização nos guetos turísticos - adaptação das infra-estruturas e melhoria da estrutura de mobilidade.
- Medidas de orientação para alterar os fluxos de visitantes - cooperação entre instituições culturais e programas de encontros/gestão de destinos.

- Indústria do turismo e do lazer - domínio de ação da política regional - serviços de turismo sustentável
- Normas de qualidade para o turismo baseado na natureza - referência regional - evitar danos e utilizar os recursos naturais

13 Política de transportes para uma mobilidade sustentável

13.1 Fundamentos

Os factores económicos, ambientais e de transporte colocam o desafio de saber como é que o Estado, enquanto instituição responsável e interessada na sociedade no seu conjunto, pode moldar a rede de efeitos para as gerações futuras (cf. SCHWEDES-RAMMERT 2021, 312-319).

A mobilidade futura deve ser garantida sem ser à custa das pessoas e da natureza. Este é um desafio para a ciência do planeamento e a ciência política. Pedagogicamente, a didática da educação cívica e uma cultura de aprendizagem da educação contínua são responsáveis (cf. DICHATSCHEK2017a, 2018).

A ciência do planeamento abre uma nova dimensão, diferente do planeamento tradicional dos transportes. A conceção da mobilidade exige uma adaptação às exigências sociais e ecológicas.

A política de transportes no que respeita à mobilidade e à conceção situa-se na arena política.

Uma análise da ciência política revela o desafio dos pontos de partida para a conceção e implementação.

A base numa democracia é uma política reguladora dos interesses sociais e ecológicos que inclui elementos participativos. O Estado tem a responsabilidade de resolver as dependências acima mencionadas do sistema de transportes em relação ao sistema económico.

Os decisores políticos são confrontados com a complexa tarefa de legitimar as medidas relacionadas com os transportes como uma decisão entre a definição do futuro e a auto-determinação democrática em relação à mobilidade necessária.

A compreensão da causa e do efeito é necessária para se conseguir uma mobilidade sustentável.

É essencial fazer a distinção entre mobilidade e transporte. Só assim é possível definir informações, procedimentos, medidas e objectivos.

Os sistemas de transporte, como o transporte de passageiros ou o transporte de mercadorias, devem ser divididos nas suas funções de estrutura, processo de transporte e pessoas (cf. SCHWEDES-RAMMERT 2021,313-314).

- Estrutura como elemento espacial e ligação a Movimentos de tráfego (pense nas linhas ferroviárias, aeroportos e vias navegáveis) > Infra-estruturas
- Processo de tráfego como uma mudança temporal de localização num movimento de tráfego > Tráfego e
- As pessoas como actores no tempo, no espaço e no tipo de movimento no comportamento de mobilidade, na escolha do percurso e na escolha do meio de transporte > Mobilidade.

13.2 Política de transportes moderna

Uma política de transportes fornece o quadro normativo. Este inclui requisitos espaciais, ambientais, tecnológicos, económicos e sociais (cf. SCHWEDES 2018, 3-24).

O princípio orientador do desenvolvimento económico dominou durante muito tempo. Entretanto, a sustentabilidade social e ecológica, associada a uma política de transportes contemporânea, está a ganhar importância.

A mobilidade abre novas oportunidades para influenciar os transportes e os seus efeitos antes de estes surgirem. A mudança de paradigma está a alterar a organização política do sector dos transportes.

Instrumentos exemplares como impostos, subsídios, leis e maior informação e educação podem ser utilizados para garantir um valor acrescentado para a sociedade no seu conjunto.

Não devem ser esquecidas as redes de projectos, as acções educativas regionais e, consequentemente, as instituições nacionais e internacionais de execução.

Neste contexto, a intervenção do Estado nas estruturas de necessidade pode/deve ser particularmente útil no sector dos transportes (cf. DÖHLER 2006, 208-227). No caso dos sistemas de transporte privados, os interesses económicos estão em primeiro plano e o valor acrescentado relacionado com a mobilidade é, na melhor das hipóteses, um produto marginal.

Isto corresponde também à prestação de serviços de interesse geral nos tratados supranacionais, que está consagrada na Constituição Federal e no direito internacional (cf. SCHWEDES-RAMMERT2021.316).

Culturas de aprendizagem na formação contínua

As tarefas educativas na educação cívica para alcançar os objectivos - no contexto da "aprendizagem ao longo da vida" - como factores necessários para a sustentabilidade exigem uma análise das culturas de aprendizagem nas medidas de educação e formação contínua (cf. DICHATSCHEK2018, 20-29).

Parece estar a verificar-se uma transição lenta da "educação de adultos" para a "educação de adultos". O interesse prende-se com os estilos de aprendizagem relacionados com a idade, a transferência de conhecimentos, as experiências de aprendizagem típicas dos adultos, os estilos de aprendizagem relacionados com a idade e os requisitos de aprendizagem (cf. NOLDA2008, 81-94).

Os domínios da mudança, da experiência e da reflexão são essenciais para o conceito de aprendizagem.

- Pode partir-se do princípio de que não há provas de um declínio geral das capacidades cognitivas antes dos 60 anos (cf. FALTERMAIER-MAYRING-SAUP-STREMEL 2002, 22).
- A capacidade intelectual entre grupos etários não deve ser medida em função do perfil de desempenho dos adultos mais jovens. As pessoas mais velhas precisam geralmente de mais tempo para resolver tarefas definidas e são normalmente mais exactas na sua execução do que os jovens (cf. NOLDA2008, 83).
- O nível de formação e as exigências do mundo do trabalho e

do mundo profissional também devem ser tidos em conta nas comparações.

- A distinção entre inteligência cristalizada e inteligência fluida é significativa (cf. KRUSE-RUDINGER 1997, 50).
  - Por inteligência cristalizada entende-se a formação do pensamento e do conhecimento (conteúdo de conhecimento para a sociedade e a cultura em que se vive), medido, por exemplo, na linguagem, nas competências de comunicação e nos conhecimentos profissionais.
  - A inteligência fluida engloba a capacidade de aprendizagem biológica, medida, por exemplo, em tarefas não culturais como representações pictóricas e símbolos simples.

14 Capacidade de aprendizagem - Técnicas de aprendizagem

14.1 Investigação sobre aprendizagem

A obra de Edward THORNDIKE "Adult Learning" (1928) é um clássico da investigação empírica sobre a aprendizagem.

Em 1924, comparando os resultados de testes de dactilografia e esperanto de adultos mais jovens e mais velhos, o sucesso de aprendizagem de pessoas mais velhas em aulas nocturnas e o desempenho de aprendizagem de adultos entre os 15 e os 50 anos de idade, verificou-se que as pessoas mais velhas precisam de menos tempo para aprender a matéria, mas são mais lentas a aprender do que os aprendizes normais. Os mais jovens são superiores em termos de capacidades motoras.

O resultado global foi positivo para os trabalhadores mais velhos. "Quase tudo pode ser aprendido até aos 50 anos de idade. A idade biológica é menos importante do que a prática e a motivação" (SIEBERT 2012, 18).

As competências que não são ou raramente são utilizadas são esquecidas. O interesse pela aprendizagem diminui com a idade. É necessário fazer uma distinção entre os diferentes resultados da aprendizagem e os factores que os influenciam.

No seu livro de 1961 "The Inquiring Mind", Cyril HOULE distingue três tipos de aprendentes: "aprendentes orientados para objectivos", "aprendentes orientados para actividades" e "aprendentes orientados para a aprendizagem" (cf. KNOLL 2007, 394). Referem-se à prossecução de objectivos profissionais, ao interesse pelos contactos sociais e à aprendizagem pessoal como objectivos de aprendizagem.

Richard OLECHOWSKI (1972) refere-se à "capacidade de aprendizagem" como uma construção teórica abstrata que não pode ser determinada com precisão. Na melhor das hipóteses, é possível medir os resultados da aprendizagem, mas estes também são complexos. Os factores incluem a motivação, a saúde mental, a latência de reação, a precisão e a velocidade de aprendizagem, o treino regular do desempenho mental, os efeitos de transferência de processos de aprendizagem anteriores e a interferência (cf. OLECHOWSKI 1972, 207). Há que alertar para as teses generalistas.

14.2 Formação contínua

Na formação contínua e na educação de adultos, a tónica é colocada nas considerações didácticas.

Isto inclui o princípio da orientação para o participante e o conceito do professor como "facilitador" (apoiante da aprendizagem/"treinador de aprendizagem").

Estes princípios são utilizados no domínio do desenvolvimento do pessoal (cf. KNOWLES - HOLTON - SWANSON 2007, 149 - 165). O modelo do "triângulo da aprendizagem" de Knud ILLERIS reflecte-se em > cognição - conteúdo da aprendizagem > emoções > motivação (cf. ILLRIS 2006, 29-41; NOLDA 2008, 85-86).

Na teoria da aprendizagem científica do sujeito de Klaus HOLZKAMP, o aprendente é abordado na sua lógica de aprendizagem individual num processo de apropriação e orientação. Um problema de ação torna-se um problema de aprendizagem com a ajuda de uma técnica de aprendizagem próxima da vida e que inclui um "ciclo de aprendizagem" de experiências ("aprendizagem expansiva")

- O objeto de aprendizagem tem um significado social e é

subjetivamente realizado pelo indivíduo.

- No caso da resistência à aprendizagem a partir da experiência escolar, as oportunidades de educação política são utilizadas na aprendizagem virtual e em projectos empresariais (cf. FAULSTICH - ZEUNER 2006, 31). O baixo número de participantes na educação política de adultos explica-se pelas condições de aprendizagem semelhantes às da escola (cf. NOLDA2008, 88).

14.3 Socialização

A aprendizagem não pode ser ignorada como um processo de socialização. A educação de adultos recebeu um novo impulso da investigação sobre a socialização.

São exemplos os trabalhos de Orville BRIM, Stanton WHEELER (1974), Hartmut GRIESE (1979), Knud ILLERIS (2004), Heinz BARZ - Rudolf TIPPELT (2004) e Horst SIEBERT (2012).

- BRIM - WHEELER (1974) Mudança no conhecimento e no comportamento, mas dificilmente nas competências, valores e motivação; menos conhecimento novo que seja "sintetizado" (cf. BRIM-WHEELER 1974, 30). No entanto, os novos conhecimentos são importantes para aumentar a conetividade e a sustentabilidade.
- GRIESE (1979) relaciona a socialização dos adultos com a "aprendizagem ao longo da vida"; a continuidade do percurso de vida deve ser tida em conta, por vezes combinada com interrupções, cesuras e pontos de mudança, frequentemente com exigências de aprendizagem (mudanças - "transformações") na atitude, motivação e orientação de valores (cf. GRIESE 1979, 187).
- ILLERIS (2004) tenta quatro fases de uma biografia de aprendizagem (cf. ILLERIS 2004, 208, 215, 219, 222 > infância, adolescência, adulto com objectivos e "harmonia")
- SIEBERT (2012) sublinha as mudanças sociais, a individualização dos percursos de vida e a dissolução das biografias normais, que não fazem sentido em termos de faseamento (cf. SIEBERT 2012, 22).

- BARZ- TIPPELT (2004) aborda a investigação milieu, que desde os anos 90 se ocupa da investigação da aprendizagem, a par da investigação social específica de uma classe, das estruturas sociais e do estatuto social baseado na educação escolar, nos rendimentos, na posição profissional, nas mentalidades e na pluralização dos estilos de vida.
    - Trata-se de qualificações escolares específicas do meio, biografias de aprendizagem, estilos de vida, interesses de aprendizagem e motivos de aprendizagem com temas educativos (cf. também SIEBERT 2012, 26).
    - No entanto, isto tem de ser relativizado. As caraterísticas transversais ao meio, como o género, a doença e a idade, por vezes não resultam numa categorização do meio

15 Formas de aprendizagem

A aprendizagem autónoma e oculta, bem como a aprendizagem "just in time", são abordados mais adiante. O significado refere-se à aprendizagem que é apenas parcialmente influenciada pelas instituições de ensino e a aprendizagem e a educação nesta idade também ocorrem fora das instituições.

15.1 Aprendizagem autónoma

A aprendizagem autónoma como forma de aprendizagem consiste numa autoconfiança individual, por vezes associada a más experiências escolares, numa euforia de autocontrolo, num aumento da autonomia e da auto-organização.

No entanto, apesar da subjectivização, há uma dependência semelhante à cultura clássica de aprendizagem numa concetualização (cf. FLEIGE 2011, 51). Basta pensar nas várias formas de ensino a distância na sua concetualização.

15.2 Aprendizagem oculta

Os documentos de política educativa europeia distinguem entre aprendizagem formal, não formal e informal como formas fundamentais.

Dependendo da instituição de formação e educação - instituição, local de trabalho, tempo livre - vida quotidiana, família, estrutura de acordo com os tempos de aprendizagem, designam formas de aprendizagem (cf. COMISSÃO EUROPEIA 2001).

Trata-se da aprendizagem oculta e das competências adquiridas, por exemplo, para o trabalho voluntário ("voluntariado") e também do reconhecimento nos processos de candidatura.

A questão dos procedimentos de certificação e do reconhecimento no Quadro Nacional de Qualificações austríaco (2016) continua em aberto.

A sustentabilidade implica o reconhecimento nacional e europeu dos conhecimentos, aptidões e competências.

15.3 Aprender "mesmo a tempo"

A aprendizagem "Just-in-time" aborda os novos meios de comunicação e as redes como formas de aprendizagem.

É necessária uma atitude de aprendizagem para estar pronto a aprender.

Isto conduz menos a uma "acumulação de aprendizagem" e mais a uma aprendizagem selectiva. O conhecimento fugaz e diversificado passa a ser uma questão natural numa forma de aprendizagem contínua (cf. NOLDA2008, 93).

16 Factores de perturbação

Estes fenómenos causam sérios problemas de abandono escolar em vários aspectos.

Os factores económicos, como o custo da oferta, a imagem do estabelecimento e os benefícios da oferta, os aspectos organizacionais, como a organização da oferta, os aspectos pedagógicos, como o ambiente, a estrutura do grupo, as exigências excessivas ou insuficientes, e os aspectos individuais, como as experiências de insucesso, a motivação, a perseverança e os requisitos de aprendizagem, podem desempenhar um papel importante.

Há que distinguir entre a flutuação dos participantes ("atmosfera de pombal"), o cancelamento de um curso ("drop out") e a perda de participantes devido a uma procura cada vez menor (cf. SIEBERT 2012, 34).

Coincidências ou pequenas coisas, como aborrecimentos ou desilusões, mas também mudanças de carreira ou doenças súbitas, podem levar ao cancelamento. Quanto maior for o interesse por um acontecimento e quanto maiores forem as necessidades sociais, maior será a probabilidade de o evento ser assistido até ao fim.

O compromisso de tempo deve ser corretamente avaliado. Os participantes com um nível de escolaridade mais elevado têm mais probabilidades de desistir porque acreditam que também podem trabalhar os conteúdos em casa.

Em regra, a participação baseia-se em factores atractivos, como o incentivo, o prazer e os interesses, bem como em factores aversivos, como o stress. Deve haver uma ponderação equilibrada entre os factores atractivos e os aversivos, uma vez que, normalmente, ocorrem mudanças no decurso do evento.

As medidas pedagógicas são, por conseguinte, a clareza do anúncio do evento, a adequação dos horários do evento com uma explicação do tempo necessário, uma harmonização da oferta educativa e dos requisitos dos participantes.

As expectativas devem ser discutidas no início.

Em caso de ausência, deve ser dada aos participantes a oportunidade de se ligarem em termos de conteúdo. O pensamento competitivo e as rivalidades devem ser evitados.

Ética empresarial - Ética ambiental

A ética é compreendida

- como motivação para agir, que está relacionada com os respectivos contextos.
- Isto significa uma referência ao mundo, aprofundada por reflexões sociológicas.
- Dependendo do respetivo campo de ação, é necessária uma ciência de referência para o julgamento profissional e ético.

Neste contexto, é frequentemente utilizada a expressão "ética aplicada". O termo pretende descrever a ética como uma tecnologia social a ser aplicada num bom comportamento. Na realidade, áreas como o ambiente e a economia são locais que actualizam a questão. Trata-se principalmente de reflexões normativas em questões de decisões e julgamentos.

Quando a ética reflecte sobre áreas da vida humana, deve falar-se de "ética de domínio". As mudanças sociais não podem estabelecer normas específicas, caso contrário as mudanças políticas, socioeconómicas e culturais seriam rejeitadas.

Devido à crescente economização do mundo em que vivemos, a área dos negócios/economia é de particular interesse para a educação escolar e de adultos.

Ética empresarial

17 Ética empresarial integradora

A ética empresarial integradora procura descobrir e refletir sobre os aspectos normativos da lógica económica. A economia baseada na divisão do trabalho serve a sociedade para satisfazer as necessidades do nível e da qualidade de vida (cf. ULRICH 1998, 11).

- Serve o objetivo da vida.
- A lógica dos constrangimentos materiais cria uma contradição com o princípio orientador de uma vida boa ou de uma coexistência justa (cf. a proteção do ambiente a par de uma pressão acrescida para o desempenho ou o elevado crescimento económico com a prosperidade do consumo para algumas pessoas).
- Neste ponto, em que a economia parece não ter uma dimensão ética, Peter ULRICH apela a uma clarificação crítica da relação entre economia e ética com base na autonomia (cf. ULRICH 1998, 24).
- ULRICH sublinha a necessidade de um ponto de vista pós-convencional da moralidade que transcenda a experiência ética das grandes culturas e religiões mundiais em direção a um ponto de vista culturalmente invariante. Esta moralidade

só pode basear-se na razão autocrítica do homem como uma ética da razão (cf. ULRICH 1998, 42).

- Para uma tal ética universal, ULRICH designa obrigações interpessoais (cf. ULRICH 1998, 44). Estas são consideradas como princípios básicos indiscutíveis (vulnerabilidade igual de todos os seres humanos, capacidade de empatia com os outros, reciprocidade das reivindicações morais e o princípio da universalização; cf. WEISS 1997, 217-243).

De um ponto de vista ético-racional, a lógica factual da (alegada) função reguladora do mercado deve ser analisada quanto à sua validade e a dicotomia da razão ética e da racionalidade económica deve ser integrada numa perspetiva comum de uma economia que serve a vida. O objetivo é uma ética económica sem as respectivas condições da economia de mercado. Assim, a razão económica é submetida a uma visão crítica.

18 Crítica do economismo

O economismo é descrito como a crença da racionalidade económica em nada mais do que ela própria (cf. ULRICH 1998, 127).

- Baseia-se na tese de uma economia independente, na absolutização do raciocínio custo-benefício e num exagero normativo do mercado (cf. a lógica económica da troca mútua de benefícios).
- A ideia de eficiência (maximização da utilidade) torna-se uma norma básica (cf. economia de mercado total).
- É afirmada a necessidade de um imperativo económico ao serviço do bem comum.

ULRICH responsabiliza o liberalismo económico do século XIX, que afirmava o sentido do mercado e é hoje reforçado pelo economismo racional, por este constrangimento.

A situação de constrangimento pode ser alterada quer através de mudanças nas preferências pessoais (auto-limitação pessoal), quer em termos de ética institucional, limitando a concorrência com consequências éticas individuais. São necessárias decisões e intenções éticas autónomas por parte dos participantes no mercado.

Ética ambiental

19 Ambiente

O termo significa uma organização humana do espaço de vida em ligação com uma identidade desenvolvida de um modo de vida (cf. o conceito de casa). A necessidade de proteção do ambiente decorre do impacto da intervenção humana.

A proteção do ambiente é mais do que a simples conservação da natureza, mas sim a proteção das pessoas contra a dinâmica inerente e a falta de visão geral das consequências estruturais da procura do lucro económico numa economia de mercado (ver SCHWEIDLER 2018, 160161).

20 Princípios da proteção do ambiente

Os três princípios seguintes resultam da relação entre uma distribuição justa dos benefícios e dos encargos entre as pessoas

- Princípio do poluidor-pagador - os danos devem ser reparados ou indemnizados, em primeiro lugar, pelo poluidor e, em segundo lugar, pela comunidade estatal enquanto responsável pelo estatuto jurídico do poluidor.
- Princípio da precaução - os danos não podem ser medidos em termos de custos da mesma forma que o desgaste material económico; em vez disso, devem ser evitados como medida de precaução, tendo em conta o bem-estar das gerações futuras.
- Princípio da cooperação - os danos ocorrem além fronteiras e, por conseguinte, nem sempre podem ser atribuídos a economias nacionais específicas. A cooperação internacional para os combater constitui um dever ético objetivamente exigido.

Bibliografia III

Os títulos utilizados e/ou citados diretamente no artigo são os seguintes

Agenda 21. Conferência das Nações Unidas sobre o Ambiente e o Desenvolvimento Rio de Janeiro, junho de 1992 > http://www.un.org/Depts/german/conf/agenda21/agenda 21.pdf. (11.10.20)

Grupo de autores sobre didática especializada (2011): Konzepte der politischen Bildung, Agência Federal para a Educação Cívica, série de publicações vol. 1141, Bona

Barz H. - Tippelt R. (2004): Formação Contínua e Meios Sociais na Alemanha, Vol.1-2, Bielefeld

Baumgartner Chr. (2021): Desenvolvimento do turismo sustentável. Experiências de regiões rurais - alpinas, em. Brandl St. - Berg W. - Herntrei M. - Steckenbauer Chr./ Lachmann - Falkner S. (eds.): Tourism and rural areas. Innovative strategies and instruments for shaping the future, Berlim, 13-32

Beck U. (1986): Sociedade de risco. Auf dem Weg in eine andere Moderne, Frankfurt/ M.

Beck U. (1998): World risk society. Em busca da segurança perdida, Frankfurt/M.

Behringer W. (2011): História cultural do clima. Da idade do gelo ao aquecimento global, Munique

Bockhorst H. - Reinwand V.J. - Zacharias W. (2012): Handbook of Cultural Education, Munique

Brim O.-WheelerS. (1974): Adult socialisation, Stuttgart

Ministério Federal da Educação (2016) > https://www.unesco.at/fileadmin/Redaktion/Publikationen/Publikations- Dokumente/2016 Unterrichtsmappe fuer die 5.bis 9.Schulstufe.pdf (22.3.2020)

Ministério Federal da Saúde e da Condição Feminina (2012): Objectivos de Saúde para a Áustria. Propostas de definição de tendências para uma Áustria mais saudável, edição de 2017, Viena

Agência Federal para a Educação Cívica (2006): Economia atual, série de publicações vol. 499, Bona

CCCA Climate Change Centre Austria - Centro de Investigação Climática da Áustria Viena (ed.) (2018): O turismo austríaco num clima em mudança, Graz

de Haan G. (1999): Sobre os fundamentos da "Educação para o Desenvolvimento Sustentável" nas escolas, in: Unterrichtswissenschaft3/1999, 252-280

de Haan G. (2004): Educação política para a sustentabilidade, in: Aus Politik und Zeitgeschichte 7-8/2004, 39-46

de Haan G. (ed.) (2007): Estudo e Investigação sobre Sustentabilidade, Bielefeld

Holzmann S. - Petersen D. - Wortmann M. (2022): Economia de mercado sustentável. Metas de política económica e objectivos contraditórios na transformação ecológica, Gütersloh

Dichatschek G. (2017a): Didática da educação cívica. Teoria, prática e campos de ação na didática da educação cívica, Saarbrücken

Dichatschek G. (2017b): Interculturality. Um contributo para a teoria, a educação e os campos de ação no contexto da abertura intercultural e da educação cívica, Saarbrücken

Dichatschek G. (2018): Culturas de aprendizagem na educação de adultos e contínua. Um contributo para a teoria, a prática e os desafios específicos da ação no contexto da educação cívica, Saarbrücken

Dichatschek G. (2019): O ensino na universidade. Um contributo para as dimensões do ensino, da formação de professores, da formação contínua e da formação de professores e da didática universitária, Saarbrücken

Dichatschek G. (2020): Formação de professores - Teoria e prática da profissionalização da formação de professores, dirigentes escolares e gestão da qualidade escolar, Saarbrücken

Dollinger P. (2021): O dilema e os paradoxos do ordenamento do território, Viena

Döhler M. (2008): Regulative Politik und die Transformation der klassischen Verwaltung, in: Politische Vierteljahreszeitschrift, Sonderheft 37/2006, 208227

Comissão Europeia (2001): Comunicação da Comissão. Tornar o espaço europeu de aprendizagem ao longo da vida uma realidade. Bruxelas/ 21.11.2002, COM (2001,678

Centro Protestante de Ensino à Distância (2013): Curso de ensino à distância Desenvolvimento Sustentável - Brochura introdutória, Carta de estudo 1 Justiça, Carta de estudo 2 Paz, Carta de estudo 3 Criação, Carta de estudo 4 Futuro, Frankfurt/ M.

Igreja Protestante na Áustria (2022): Documento de orientação do Sínodo Geral "Fé na Criação na Crise Climática" > epdö/ Synode/Klimaschutz/ Kirchen v. 10.12.2022 > https://archive.newsletter2go.com/?n2g=cc35u22b-g39z6tuq-k13

Faltermaier T. - Mayring P.- Saup P. - Stremei P. (2002): Psicologia do desenvolvimento da idade adulta, Stuttgart

Famulla G. - E.- Butz B. - Deeken S. - Michaelis U. - Möhle V.- Schäfer B. (2008): A orientação profissional como um processo. Fostering personality, developing school, ensuring transition, vol. 5 School - Economy/ Working life, Hohengehren

Faulstich P. - Zeuner Chr. (2006): Educação de adultos. Uma introdução à teoria, à didática e aos destinatários orientada para a ação, Weinheim

Fleige M.(2011): Culturas de aprendizagem na educação pública de adultos. Desenvolvimento de teoria e observações empíricas usando o exemplo de organizações protestantes. Internationale Hochschulschriften, vol. 554, Münster - Nova Iorque - Munique - Berlim

Freericks R. - Hartmann R. - Stecker B. (2010): Ciência do Lazer. Manual de pedagogia,. Gestão e Desenvolvimento Sustentável, Munique

Frey K. (1991): O método de projeto, Weinheim - Basileia

Gallus A. - Jesse E. (eds.) (2007): Formas de governo. Von der Antike bis zur Gegenwart, Agência Federal para a Educação Cívica,

Schriftenreihe Bd. 624, Bona

Jardineiro Cl. (2020): Clima, Corona e Cristianismo. Educação religiosa para o desenvolvimento sustentável num mundo ferido, Bielefeld

Griese H. (1979): Investigação sobre a socialização de adultos, in: Siebert H. (ed.): Taschenbuch derWeiterbildungsforschung, Baltmannsweiler, 172-210

Grober U. (2010): Die Entdeckung der Nachhaltigkeit: Kulturgeschichte eines Begriffs, Munique

Grunwald A. - KopfmüllerJ. (2012): Sustainability, Frankfurt/ M. - New York

Gütl Br.- Orthey F.M.- Laske St. (eds.) (2008): Bildungsmanagement. Formar diferenças entre sistema e ambiente, Munique e Mering

HauffV. (1987): UnseregemeinsameZukunft, Greven

Hirschmann K. (2017): The rise of national populism. Como as sociedades ocidentais estão a ser polarizadas, Agência Federal para a Educação Cívica, série de publicações vol. 10150, Bona

Illeris K. (2004): As três dimensões da aprendizagem, Roskilde

Illeris K. (2006): The "learning triangle", framework concept for an overarching understanding of human learning, in: Nuissl E. (ed.): Vom Lernen zum Lehren. Investigação sobre aprendizagem e ensino para a formação contínua, Bielefeld, 29-41

Keeley Br. (2010): International Migration. The human side of globalisation, Bundeszentrale für politische Bildung, Schriftenreihe Bd. 1060, Bona

Klein E. (2020): The Deep Rift. A História dos Estados Divididos da América, Hamburgo

Knoll J. (2007): The Inquiring Mind, in: Koerrenz R.- Meihammer E.- Schneider K. (eds.): Wegweisende Werke zur Erwachsenenbildung, Jena, 384-400

Knowles M.S.- Holton E.- Swanson R.A. (2007): Lifelong learning. Andragogia e educação de adultos, Munique

Kost A.- Massing P. - Reiser (eds.) (2020): Handbook of Democracy, Frankfurt/M.

Kraatz Cl. (2021): Staying sustainable efficient, Wiesbaden

Kruse A. - Rudinger G. (1997): Lernen und Leistung im Erwachsenenalter, in: Weinert F.- Mandel H. (Eds.): Psychologie der Erwachsenenbildung, Göttingen, 45-85

Levitsky St. - Ziblatt D. (2018): Como as democracias morrem. And what we can do about it, Agência Federal para a Educação Cívica, série de publicações vol. 10326, Bona

Luger K. (2012): Sustainability considerations for Salzburg Tourism, in: Land Salzburg (ed.): Enquete des Landtages am 9. Oktober 2012. Salzburg: Schriftenreihe des Landes - Medienzentrums 2012, 105-126

Luger K. (2022): Turismo - Sobre viagens e férias no nosso tempo, Wiesbaden

Luhmann N. (1991): Sociologia do Risco, Berlim - Nova Iorque

Matzner M. (ed.) (2012): Handbook Migração e Educação, Weinheim - Basileia

Meadows D.H. - Zahn E. - Milling P. (1972): Limits to Growth. Relatório do Clube de Roma sobre o estado da humanidade, Estugarda

Meadows. D.H. - Zahn E.- Milling P. (2008): Limits to Growth. The 30-year update: Signalling a change of course, Stuttgart

Meisch S. (2014): Tübinger Beiträge zur Hochschuldidaktik - Bildung für Nachhaltige Entwicklung. The concept and its potential for traditional comprehensive universities, Vol. 10/1, Centro de Didática Universitária, Universidade de Tübingen, Tübingen

Nicklas H. - Müller B. - Kordes H. (eds.) (2006): Pensar e agir interculturalmente. Theoretische Grundlagen und gesellschaftliche Praxis, Agência Federal para a Educação Cívica, Schriftenreihe Bd. 595, Bona

Nolda S. (2008): Introdução à teoria da educação de adultos. Grundwissen Erziehungswissenschaft, Darmstadt

Ott K.- Döring R. (2008): Teoria e prática da sustentabilidade forte,

Marburg

Pufe I, (2017): Sustentabilidade, utb 8705, Constança - Munique

Rademacher F.J. - Beyers B. (2011): Mundo com futuro: A perspetiva eco-social, Hamburgo

Reckwitz A. (2019): O fim das ilusões. Política, economia e cultura na modernidade tardia, Berlim

Rein H. - Stradas W. (eds.) (2015): Turismo Sustentável, Constança - Munique

Rogall H. (2003): Actores do desenvolvimento sustentável, Munique

Rogall H. (2008): Ecological Economics. Uma introdução, Wiesbaden

Scheidig F. (2016): Profissionalismo da educação política de adultos entre teoria e prática, Bad Heilbrunn

Schweidler W. (2018): Uma breve introdução à ética aplicada, Wiesbaden

Schuhmacher E.F. (1973): Small is Beautiful: Economics as if People Mattered, Nova Iorque

Schwedes O. (2018): Política de transportes. Uma introdução interdisciplinar, Wiesbaden

Suécia 0.(2021): Public mobility. Pré-requisitos para um planeamento dos transportes centrado nas pessoas, Wiesbaden

Schwedes O.- Rammert A. (2021): Política de transportes, in: Siebenpfeiffer W. (ed.): Mobilidade do futuro. Intermodal transport concepts, Berlim, 312-319

Schweigier W. (2018): Uma breve introdução à ética aplicada, Wiesbaden

Segrist D. - Gessner S. - L. Ketterer Bonnelame (2015): Nature-orientated tourism. Normas de qualidade para viagens suaves nos Alpes, Berna

Siebenhaar H.P. (2017): Austria. Die zerrissene Republik, Agência Federal para a Educação Cívica, série de publicações vol. 10113, Bona

Siebenpfeffer W. (ed.) (2021): Mobilidade do futuro. Conceitos de transporte intermodal, Berlim

Siebert H. (2012): Aprendizagem e educação de adultos, Bielefeld

Stern N. (2007): The Economics of Climate Change. The Stern Review. Cambridge Press Cambridge

Thorndike E. (1928): Adult learning, Nova Iorque

Ulrich P. (1998/2001): Ética económica integrativa. Fundamentos de uma economia ao serviço da vida, Berna

Agência Federal do Ambiente Mobilidade sustentável > https://www.umweltbundesamt.de/print/3316 (11.6.2022)

UNESCO (2007): The 2009 UNESCO Framework for Cultural Statistics (Draft) Online > http://www.uis.unesco.org/template/pdf/cscl/framework/draftdoc EN.pdf (15.10.20)

Associação da Economia da Baviera (ed.) (2021): Sustentabilidade na educação - o que é preciso fazer agora. Parecer de peritos, Münster

Academia Virtual para a Sustentabilidade - Universidade de Bremen > https://www.va- bne.de/index.php/en (22 de março de 2020)

Volkmer M. - Werner K. (Eds.) (2020): A Sociedade Corona. Análises da situação e perspectivas para o futuro, Bielefeld

White U. (1997): Dignidade Humana/Direitos Humanos. Ordem normativa básica para uma política global, in: Lüttersfelds W. -Mohrs Th.(Eds.): Eine Welt - eine Moral? Um debate polémico, Darmstadt, 217-243

Zoche P. - Kaufmann St.- Haverkamp R. (eds.) (2011): Civil Security. A dimensão social das actuais políticas de segurança, Bielefeld

Para o autor

Licenciatura em pedagogia APS (VS - HS - PL 1970, 1975, 1976), conselheiro de estudantes certificado (1975) e conselheiro de desenvolvimento escolar (1999), membro da comissão de exame de professores para a APS na Direção Regional de Ensino do Tirol (1993-2002).

Licenciado em Höhere Bundeslehranstalt für alpenländische Landwirtschaft Ursprung - Klessheim/ Reifeprüfung, Maturantenlehrgang der Lehrerbildungsanstalt Innsbruck/ Reifeprüfung - Estudos em Ciências da Educação/ Universidade de Innsbruck/ Doutoramento (1985), 1º Curso de Ecumenismo - Kardinal König Akademie/ Viena/ Certificação (2006); 10º Curso Universitário de Educação Política/ Universidade de Salzburgo - Klagenfurt/ Mestrado (2008), Academia de Educação Contínua Áustria/ Viena/ Diploma (2010), 6º Curso Universitário de Competência Intercultural/ Universidade de Salzburgo/ Diploma (2012), 4º Curso Interno de Didática do Ensino Superior/ Universidade de Salzburgo/ Certificação (2016). Curso universitário de Competência Intercultural/ Universidade de Salzburgo/ Diploma (2012), 4º curso interno de Didática Universitária/ Universidade de Salzburgo/ Certificação (2016) - Curso à distância Curso Básico de Educação de Adultos/ Centro Protestante de Ensino à Distância, Instituto Comenius Münster/ Certificação (2018), Curso à distância Desenvolvimento Sustentável/ Centro Protestante de Ensino à Distância, Instituto Comenius Münster/ Certificação (2020).

Docente no Instituto de Ciências da Educação/ Universidade de Viena/ Ensino Profissional - Ensino Pré-Profissional VO - SE (19902011), Departamento de História/ Universidade de Salzburgo/ Programa de Formação de Professores História - Estudos Sociais - Educação Política - SE Didática da Educação Política (20262017).

Membro da Comissão de Educação da Igreja Evangélica da Áustria (20002011), sfv. *Diretor do* Centro de Educação Protestante do Tirol (2004 - 2009, 2017 -2019).

Diretor de curso na VHS Salzburg Zell/ See, Saalfelden e Cidade de Salzburgo/ "Freude an Bildung" - Educação Política (2012-2019).

MAIL dichatschek (AT) kitz.net

MIX
Papier aus verantwortungsvollen Quellen
Paper from responsible sources
FSC® C105338

Printed by Books on Demand GmbH, Norderstedt / Germany